55
1600.

LE
PETIT CULTIVATEUR

AU XIXᵉ SIÈCLE

PAR

JOSEPH MITTET

INSPECTEUR PRIMAIRE

CINQUIÈME ÉDITION

PARIS

LIBRAIRIE CLASSIQUE D'EUGÈNE BELIN

RUE DE VAUGIRARD, Nᵒ 52.

1880

Tout exemplaire de cet ouvrage non revêtu de ma griffe sera réputé contrefait.

SAINT-CLOUD. — IMPRIMERIE DE Mᵐᵉ Vᵉ EUG. BELIN.

PRÉFACE.

En parcourant l'année agricole, pour 1860, de M. Gustave Heuzé, je lus ce portrait du cultivateur, par M. de Lamartine :

« L'ouvrier des champs grandit où il est né. Les sentiments et les habitudes de famille, de voisinage, de parenté, de pays, lui forment une atmosphère d'affections innées, cruelles à rompre, lentes à reformer. Il n'est pas contraint de se séquestrer de la nature physique, ce milieu nécessaire à l'homme pour que l'homme soit sain et complet. Il a le ciel sur la tête, le sol sous les pieds, le soleil dans les yeux, l'air dans la poitrine, l'horizon vaste et libre devant les regards, le spectacle irréfléchi mais perpétuellement nouveau du firmament, de la terre, du jour, de la nuit, des saisons, qui entretiennent sans paroles mais sans lassitude, les sens, le cœur, l'esprit de l'homme de la campagne. Ses travaux sont rudes, mais ils sont variés; ils comportent mille applications diverses de la pensée, mille attitudes différentes du corps, mille emplois des heures et des bras : bêcher, labourer, semer, sarcler, faucher, planter des haies, bâtir des murs, élever, soigner, nourrir, traire des animaux domestiques, moissonner. . . . .
» Presque tous ces travaux s'accomplissent en plein air et en plein jour, santé et gaieté de l'homme; l'homme n'y est point machine, il y est homme; il y place son émulation, son orgueil, son adresse, sa force, son habileté; il y est actif et assidu, mais il n'y est pas esclave. Il se sent libre et il se déplace à son gré dans le vaste atelier rural ouvert à ses pas, il y devient robuste, il y reste sain : sans cesse aux prises avec les forces de la nature, il y exerce les siennes; il a la fierté et le courage de sa liberté; il est propre à tout. Quand il a grandi dans cette sorte de discipline des travaux champêtres, il est aussi propre à défendre son pays qu'à le fertiliser. Une empreinte de santé, de vigueur, de franchise, de liberté et de fierté modeste civilise ses traits; il regarde en face, il marche droit, il parle haut, il respire à pleine poitrine, il ne craint et il n'envie personne. Placez à côté l'un de l'autre, un habitant des villes et un habitant des campagnes du même âge, et comparez l'homme à l'homme. »

Il me revint alors à la pensée ces conseils d'un littérateur aux

habitants des campagnes, conseils heureusement placés dans le
livre de *Morale pratique*, par M. Barrau.

« Aujourd'hui, chacun s'efforce de substituer le luxe à la sim-
plicité, l'éclat de l'extérieur à l'aisance du ménage. Le villageois
rêve pour son fils richesses et honneurs; il ne cesse d'exciter sa
jeune avidité en offrant à ses regards un tableau riant des pros-
pérités du monde. Non, il ne veut pas que ce fils bien-aimé
vienne avec lui tracer un sillon pénible dans les plaines, il se
hâte de l'envoyer à la ville, où il croit que la fortune l'attend. Il
a résolu d'en faire un bourgeois, un négociant, un juge, un
avocat; il sourit à son bonheur futur; il le voit traversant les
mers sur ses vaisseaux chargés de marchandises, ou s'avançant
à la tête des armées, ou bien encore paraissant avec éclat aux tri-
bunes publiques.

» Bon laboureur, tu te prépares bien du chagrin! Hélas! cet
enfant qui par ta volonté a perdu le souvenir de ses ruisseaux,
de sa colline et de sa chaumière, sera peut-être assez malheu-
reux pour oublier aussi ses parents!

» Fortunés habitants des campagnes, craignez de vous égarer
au sein des villes. Restez, restez sous votre toit rustique. Effor-
cez-vous par un travail assidu, par d'ingénieux procédés, d'augmenter le produit de vos terres et d'acclimater l'aisance dans
votre retraite si douce. Demeurez loin du bruit et du vice, lais-
sez les rêves et les illusions de la vie à ceux qui n'ont plus que
cette seule ressource ici-bas, et contentez-vous d'embellir le
petit coin de terre que la bonté de Dieu vous a donné. »

Ce tableau et ces conseils m'impressionnèrent vivement, et je
me demandai comment on pourrait arrêter la désertion de nos
campagnes, signalée par les recensements administratifs, comme
prenant des proportions alarmantes.

Je venais de recevoir de la société d'agriculture de Grenoble
l'invitation de donner à mes élèves des notions de culture générale. Les efforts du gouvernement pour rendre l'agriculture
populaire, l'exemple de riches propriétaires se faisant eux-mêmes
cultivateurs; l'application d'hommes savants à chercher les
moyens les plus sûrs d'augmenter les produits de la terre, tout
en diminuant les frais d'exploitation; l'accroissement des so-
ciétés d'agriculture, la solennité des fêtes agricoles, me persua-
dèrent que l'agriculture peut seule calmer l'effervescence de notre
époque, en donnant aux idées un courant plus pacifique et en
offrant à l'intelligence et à la spéculation un champ vaste et fé-
cond mais trop peu exploré.

L'agriculture est aussi de tous les arts celui qui peut le mieux
satisfaire ce besoin de liberté qui, chaque jour, devient plus im-
périeux. C'est encore la pratique des champs qui maintient la

pureté des mœurs, en entretenant sans cesse l'âme de la pensée de Dieu. Et comment le cultivateur pourrait-il oublier ses immortelles destinées ? Quand ses récoltes crient la soif, qui leur envoie la rosée pour l'étancher ? lorsque la tempête couvre l'horizon de ses sombres ailes, qui a le pouvoir de l'enchaîner ? si ce n'est ce Père des cieux qui a promis aux pacifiques la possession de la terre et le séjour des béatitudes à ceux qui ont le cœur pur.

Déjà, j'avais pris quelques leçons d'agriculture auprès d'un disciple de M. Mathieu de Dombasle, M. Arribert-Dufresne, alors commandant la place du fort Barraux, mon délégué cantonnal, homme dévoué aux cultivateurs et dont le souvenir me sera toujours cher ; je continuai l'étude de cette science, puis je me mis à l'enseigner avec ardeur, dans la persuasion que l'enseignement de cette matière est un moyen efficace de retenir à la campagne des travailleurs que l'industrie des villes ne peut constamment occuper et dont les bras manquent à la terre.

La société d'agriculture de Grenoble encouragea mes efforts : son infatigable président, le vénérable M. Paganon ; MM. Sestier, membre du conseil général, et Chevrier, membre du conseil d'arrondissement pour le canton du Touvet ; M. Beaufort de Lamarre, délégué de la société d'agriculture de Grenoble, s'adjoignirent les autorités et les notables de Barraux, et vinrent faire subir à mon école un examen qui produisit dans le pays un effet salutaire. M. Paganon m'engagea à recueillir mes leçons et à les lui soumettre. J'obéis. M. le Président trouva incomplet le cours de mes leçons ; il eut la bonté de me tracer le plan de l'ouvrage que je livre à la publicité, après l'avoir soumis à l'appréciation du bureau d'administration de la société d'agriculture de Grenoble, qui en a fait une critique bienveillante dont j'ai tiré parti. Soumis ensuite au Conseil général de l'Isère, mon travail fut favorablement accueilli par cette assemblée, qui daigna s'y intéresser par un vote de fonds à titre d'encouragement à la publication d'ouvrages utiles.

Pour composer ce livre, j'ai étudié les savants ouvrages de MM. Rendu, Barral, de Gasparin, Gossin, Heuzé, Joigneaux ; j'ai consulté la *Maison rustique* du xixe siècle, le *Dictionnaire universel de la vie pratique*, par Belèze, le *Dictionnaire universel des sciences et des arts*, par Bouillé, le *Manuel populaire d'agriculture* de Schlidf, traduit par Nicflès ; le *Traité de viticulture* du docteur Guyot ; je me suis appliqué à lire la *Grammaire agricole* de M. Durand Lainé, le *Catéchisme agricole* de Jourdier, le *Traité d'agriculture* de Grollier, les *Veillées de la ferme* du Tourne-Bride, par J.-P. de Varennes, les *Manuels* de MM. de Bruno et Fleury-Lacoste et d'autres ouvrages dont j'ai dû la communication au bon et vénéré M. Paganon, qui m'a puissamment aidé de ses conseils et de ses lumières ; je me suis renseigné auprès de cultivateurs intelligents et expérimentés ; j'ai profité des observations d'un professeur à l'école impériale de la Saulsaie, homme dont la modestie égale le mérite et que je regrette de ne pouvoir nommer; enfin, j'ai dû encore au journal le *Sud-Est* et aux communications de son Editeur, le tableau des connaissances les plus usuelles de la vie agricole et le résumé synoptique de la culture des plantes potagères.

Puisse-t-il être agréable aux instituteurs et utile aux cultivateurs, ce livre dans lequel se trouvent *réunis* les procédés de culture reconnus les meilleurs par nos maîtres en agriculture!

J. MITTET.

LE

PETIT CULTIVATEUR

AU XIXe SIÈCLE

CHAPITRE Ier

Agriculture. — Climat. — Agents nécessaires a la végétation. — Terrain agricole. — Sol. — Sol sableux. — Sol argileux. — Sol calcaire. — Humus. — Fertilité du sol. — Moyens d'apprécier la bonté et la nature du sol. — Sous-sol.

Agriculture. — L'agriculture est l'art de cultiver les champs, c'est-à-dire de faire produire beaucoup à la terre sans l'épuiser et avec le moins de frais possible.

Elle porte différents noms, suivant la nature de ses cultures. Ainsi on appelle :

Horticulture, la culture des jardins ;
Arboriculture, la culture des arbres fruitiers ;
Floriculture, la culture des fleurs ;
Viticulture, la culture de la vigne ;
Sylviculture, la culture des bois de chauffage et de construction, grands bois et forêts.

Elle comprend, en outre, l'art de gouverner et de multiplier les animaux domestiques, sous le nom de *zootechnie*.

L'étude du climat et du sol où l'on veut cultiver doit être le premier travail du cultivateur.

Climat. — Par *climat*, on entend l'ensemble de la chaleur et du froid, de la sécheresse et de l'humidité, propre à chaque lieu. Le climat dépend de la latitude, de l'altitude et de la configuration du pays. Sa connaissance détermine les différentes cultures qu'on peut entreprendre avec succès.

Il est possible de modifier le climat d'une petite étendue de terrain : ainsi, en entourant une terre d'une haie de grands arbres ou d'une clôture élevée, on la maintient dans une température supérieure à celle des champs environnants qui sont à découvert ; et, en supprimant les arbres qui ombragent les sols humides, on peut faire disparaître en partie l'humidité.

Agents nécessaires à la végétation. — Les plantes ont besoin d'air, d'humidité, de chaleur et de lumière.

L'air est aspiré par les feuilles; il fournit aux végétaux les gaz nécessaires à leur développement, et il contribue à la dissolution des engrais contenus dans le sol.

L'eau constitue la plus grande partie de la substance des plantes; diverses plantes végètent entièrement dans l'eau, et toutes sont susceptibles d'y vivre momentanément; elle favorise la germination, permet, en les dissolvant, l'absorption des principes nourriciers, et sert elle-même d'aliment.

Sous l'influence de la chaleur, les germes de la vie se développent, les matières fermentescibles du sol livrent peu à peu aux racines leurs sucs fécondants, les gaz alimentaires se répandent dans l'air au profit des jeunes feuilles, la séve circule et ranime la végétation.

Enfin la lumière, unie à la chaleur, donne aux plantes de la force, de la couleur, de l'odeur, de la saveur et la maturité.

Terrain agricole. — On appelle terrain agricole les couches de la surface terrestre qui fournissent aux végétaux le point d'appui et la nourriture dont ils ont besoin.

Sol. — On désigne sous le nom de sol ou de terre végétale la couche qui est remuée par les instruments aratoires et qui reçoit directement les impressions de l'atmosphère.

Il y a trois espèces de sol : le sol sableux où domine la silice; le sol argileux où domine l'argile; et le sol crayeux ou calcaire, où domine la chaux.

La silice est une substance blanche, rude au toucher, sans saveur ni odeur.

L'argile est un composé de silice et d'alumine. L'alumine est une matière pulvérulente, blanche et douce au toucher; elle n'a pas de saveur, mais elle happe à la langue. L'argile est une substance grasse, douce au toucher, d'une saveur particulière et d'une odeur caractéristique qui se développe énergiquement lorsque, bien sèche, on l'arrose avec de l'eau : c'est cette odeur qu'on sent dans les champs et sur les routes, au commencement d'une forte pluie. Déposée sur la langue, l'argile en absorbe l'humidité et y adhère fortement.

La chaux est une substance blanche, très-répandue dans la nature, qui attire promptement l'humidité et l'acide carbonique. Cette dernière propriété fait que la chaux désorganise les matières végétales et animales avec lesquelles elle se trouve en contact.

Sol sableux ou sablonneux. — Le sol sableux ou sablonneux manque de cohésion, ce qui le rend facile à travailler et permet aux jeunes racines de se développer sans obstacle; mais il ne donne pas assez de fixité aux plantes. Il retient peu l'eau et la laisse s'échapper d'autant plus aisément que son grain est plus grossier. Il redoute la sécheresse et demande par conséquent des récoltes hâtives, à moins que le climat ne soit humide. Les engrais y durent peu, ce qui oblige à de fréquentes mais légères fumures. On doit le labourer rarement, parce qu'on le rendrait trop friable ; les labours doivent être profonds, afin de permettre à l'humidité des couches inférieures d'arriver aux racines des végétaux. Il est avantageux, après les labours, de rouler fortement cette nature de sol, pour lui donner de la cohésion, rasseoir le terrain, empêcher la trop grande évaporation, et rétablir la communication d'humidité avec les couches inférieures.

Les plantes qui réussissent le mieux dans les terrains sableux, sont : le seigle, la pomme de terre, le blé noir ou sarrasin, et surtout la spergule.

On peut améliorer les terres sablonneuses en y faisant des prairies naturelles ou artificielles. Ce genre de culture donne de la ténacité au sol et produit un terreau excellent.

Sol argileux. — Le sol argileux, par la majeure partie de ses propriétés, est l'opposé du terrain sablonneux. Il a beaucoup de ténacité ; il est très-compacte et très-adhérent, ce qui le rend difficile à travailler ; les plantes y trouvent un appui ferme, mais elles s'y développent lentement. Il est susceptible de s'imprégner de beaucoup d'humidité et de la conserver longtemps, ce qui fait que les végétaux y craignent moins la sécheresse ; mais les récoltes y sont plus tardives, parce que toute évaporation produit une déperdition de chaleur. Les grandes chaleurs le durcissent considérablement ; son retrait comprime les plantes et occasionne des fentes ou crevasses qui déchirent leurs racines. L'action du fumier s'y faisant longtemps sentir, on lui donne de rares, mais abondantes fumures.

Le froment, l'avoine, le trèfle, le colza, les betteraves, les féverolles y réussissent bien.

Il serait à désirer qu'on pût labourer fréquemment les terres argileuses, malheureusement leur état hygrométrique ne permet pas de les façonner en tout temps : desséchées, elle sont inabordables ; et humides, elles ne veulent être travaillées que lorsqu'elles sont bien égouttées, autrement les labours sont nuisibles et même rendraient le sol stérile. Des labours profonds avant l'hiver sont avantageux, parce que l'influence du froid rend ce terrain plus friable.

Sol calcaire ou crayeux. — Le sol calcaire a quelques-unes des propriétés du sol sablonneux. Il a peu de ténacité, est très-perméable à l'eau et à la chaleur, ce qui l'expose à être facilement inondé et desséché ; et les plantes, qui ne sauraient se prêter à ces extrêmes, languissent et meurent pour peu que que l'humidité ou la sécheresse se prolonge. Il se fendille dans les grandes chaleurs, et il est très-sensible aux alternatives de la gelée et du dégel. Ce terrain exige beaucoup d'engrais qu'il décompose rapidement, ce qui nécessite de fréquentes et bonnes fumures.

Les terres calcaires sont propres à la culture du froment, de l'orge, du trèfle ; la luzerne y prospère, mais c'est le sainfoin qui réussit le mieux.

Humus. — Outre la silice, l'argile, la chaux, qui en sont les éléments les plus considérables, on trouve encore dans le sol d'autres substances qui le colorent diversement, et dont la principale est l'humus, masse pulvérulente, meuble, légère, noirâtre, formée par le détritus de la putréfaction des matières animales et végétales, et que l'on désigne vulgairement sous le nom de terreau.

Fertilité du sol. — La fertilité du sol dépend du mélange des substances élémentaires.

Les plus mauvais terrains sont ordinairement les sols purs, ne contenant que du sable, de l'argile ou de la chaux. Le mélange neutralise les propriétés pernicieuses, sans altérer les bonnes ; il rend le sable moins mobile, l'argile moins compacte, le calcaire moins brûlant. Et d'ailleurs, les plantes ont besoin de certains principes qu'elles puisent dans la silice, l'argile et la chaux.

Les terrains naturels qui réalisent ce mélange sont les *terrains d'alluvion*. On appelle ainsi les terres abandonnées par les eaux et soumises depuis longtemps à la culture. Ces terres sont propres à toutes les cultures que le climat permet. On les nomme aussi terres franches.

Qualités du sol. — Le sol porte encore différents noms qu'il doit à ses qualités : on dit qu'il est fort ou léger, suivant qu'il est difficile ou facile à travailler ; sec ou humide, chaud ou froid, suivant qu'il ne conserve pas ou qu'il garde trop longtemps l'humidité ; pierreux, tourbeux, marécageux, suivant qu'on y trouve beaucoup de pierres ou de graviers ; qu'il renferme des matières végétales non décomposées, en mélange avec les substances terreuses et bitumineuses ; ou qu'il est inondé par des eaux croupissantes ou d'un écoulement incertain.

Moyens d'apprécier la bonté et la nature du sol. — La bonté du sol se reconnaît à la croissance vigoureuse des arbres, à la netteté de leur écorce. Les terres noires ou tirant sur le noir, et qui donnent cette couleur à l'eau qui a séjourné quelque temps à leur surface, sont de bonne qualité.

On peut aussi faire usage du procédé suivant ; on pratique dans le sol une ouverture que l'on bouche ensuite avec la terre enlevée pour la faire. Si cette terre ne peut toute rentrer dans le trou, le terrain est bon ; si elle le comble, il est médiocre ; mais si elle laisse du vide, le terrain est mauvais.

La nature du sol peut être indiquée par la présence de certaines plantes qui croissent sans culture. Dans les terrains calcaires, on rencontre le tussilage et la ronce ; le petit chardon des champs se montre dans les terres argileuses ; l'avoine à chapelet, dans les terres sablonneuses ; l'ortie, la moutarde accusent une terre substantielle et profonde.

Lorsque la charrue produit des tranches ou des mottes d'un aspect luisant, qui restent quelque temps sans s'émietter, le terrain est argileux et fort ; mais si elles se brisent après un certain laps de temps, il est calcaire ou marneux. Un terrain qui, labouré à l'état humide, ne donne pas de tranches luisantes, est un terrain léger ou sableux.

Sous-sol. — On appelle sous-sol la couche de terre qui se trouve immédiatement au-dessous du sol.

Le sous-sol est perméable ou imperméable ; et, suivant la nature du sol, il peut, en se mélangeant avec lui, le rendre plus fertile. Le sous-sol argileux est généralement nuisible ; il rend les terrains plats improductifs, en ce que le sol reste noyé ou ne peut être cultivé convenablement. Cette nature de sous-sol ne convient qu'au sol sableux ayant peu de profondeur.

CHAPITRE II

Amendements : drainage, chaux, marne, plâtras, argile brûlée. —
   Amendements stimulants : plâtre, suie, cendres, écobuage, terres de
   route, sel marin. — Effets des amendements.
Engrais : engrais végétaux, tourteaux, marcs. — Engrais animaux :
   sang, chair, plumes, os, débris de peaux et autres, laine, matières
   fécales, urines et eaux vannes, colombine, guano.
Fumiers : fumier chaud, fumier frais, litière ; soins à donner au fumier,
   purin ; rapport entre le fumier et le fourrage et la litière ; quantité de
   fumier par hectare.
Engrais servant d'amendement ; compost ; moyen facile d'augmenter la
   quantité des engrais.

Amendements. — On appelle amendements les matières et
les opérations propres à accroître la faculté végétative du sol.
Ils sont déterminés par la nature du terrain et par l'espèce de
récolte cultivée.

Il résulte de ce qui a été dit sur la constitution des différents
sols, qu'ils peuvent se modifier réciproquement. Ainsi l'argile
est un amendement pour les terres sableuses et calcaires, et ces
dernières sont des amendements pour les terrains argileux.

Si le sous-sol diffère du sol et que la
couche de terre végétale ne soit point
trop profonde, l'amendement le plus
simple est de mélanger le sous-sol avec
le sol par un défoncement convenable.

Drainage. — Les terrains argileux
ou marécageux ont pour amendement
le drainage, opération qui a pour but,
à l'aide de tuyaux de poterie, d'assé-
cher convenablement le sol et le sous-
sol.

Outre qu'il facilite l'égouttement, le
drainage conserve au sol plus de chaleur, en ce qu'il diminue l'évaporation
toujours considérable à la surface des
terrains imprégnés d'eau. Pendant les
sécheresses, il maintient plus de fraî-

Fig. 1. — Drainage.

cheur dans la terre, parce que les pores des terrains drainés
étant toujours libres (la filtration de l'eau s'opérant sans obstacle), l'humidité des couches inférieures arrive aisément dans
la couche végétale. Il aère parfaitement le sol, en faisant cir-

culer l'air dans les conduits souterrains des eaux, d'où il se répand dans la terre. Enfin, il s'oppose à la déperdition des substances fertilisantes qu'entraînent les eaux en quittant la couche végétale.

Chaux. — La chaux donne de la chaleur aux sols argileux, les ameublit et en facilite l'assèchement. Elle donne plus de consistance aux terres sablonneuses ; mais comme elle augmente le pouvoir calorifique de ces dernières, elle ne leur est applicable avec succès qu'à la suite d'un défrichement, pour dissiper l'acidité et faciliter la décomposition des matières végétales.

La chaux est nécessaire à la bonne végétation du trèfle, de la luzerne, du sainfoin. Sur les céréales, le froment surtout, elle a une action favorable ; elle rend le grain plus beau, la farine plus blanche, la paille plus nutritive et plus goûtée des animaux.

Il faut de 150 à 200 hectolitres de chaux par hectare, si le terrain est argileux ; 100 suffisent dans les terres sableuses ; mais dans les sols tourbeux, on n'en saurait trop mettre.

On doit égoutter le sol, avant de se livrer au chaulage.

Le procédé le plus avantageux pour l'emploi de la chaux consiste à établir des tas formés alternativement d'un lit de chaux et d'un lit de terre ou de gazon. Si la terre est humide et la chaux récente, huit à dix jours suffisent pour fuser la chaux ; on coupe alors et on mélange le tas ; on le recoupe et on mélange

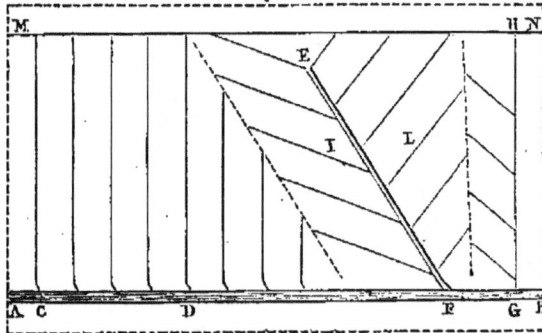

Fig. 2. — Plan de drainage.

de nouveau avant l'emploi, qu'on retarde le plus possible, parce que l'effet sur le sol est d'autant plus puissant que le mélange est plus ancien et mieux fait.

L'été est la saison la plus favorable pour répandre la chaux sur le sol labouré, hersé et roulé au besoin ; on la mélange en hersant de nouveau, et on l'enterre par un labour léger.

Marne. — La marne est un mélange intime d'argile et de chaux ; on l'appelle marne argileuse ou marne calcaire, suivant l'élément qui domine. La marne argileuse est l'amendement des terres sableuses, et la marne calcaire, celui des terres argileuses.

La quantité par hectare est très-variable ; on l'estime en moyenne à 100 mètres cubes.

L'emploi de la marne demande les mêmes travaux préparatoires que celui de la chaux. On la dépose sur le terrain en petits tas égaux, espacés de 6 à 7 mètres ; on l'épand aussi également que possible, et on l'enterre par un labour léger, pendant un beau temps, lorsqu'elle est bien délitée et presque sèche.

Ordinairement on la répand en automne pour l'enfouir au printemps suivant.

Plâtras. — Les plâtras de démolition servent aussi d'amendement, par l'élément calcaire qu'ils contiennent, et ils sont applicables aux mêmes terres que la chaux.

Argile brûlée. — La ténacité des sols argileux peut être diminuée par l'emploi de ce sol même calciné ; car, après sa calcination au rouge, l'argile change de caractère ; elle devient poreuse et friable.

Amendements stimulants. — On appelle amendements stimulants ceux dont les effets se font sentir sur la récolte qui occupe le sol, pendant ou immédiatement après leur emploi. Les principaux sont : le plâtre, la suie, les cendres, l'écobuage, les terres de route, le sel marin.

Plâtre. — Le plâtre se répand en poudre, dans la proportion de 120 à 200 kilos par hectare, sur les plantes de la famille des légumineuses, telles que le trèfle, la luzerne, les vesces, etc. ; et de la famille des crucifères, colza, raves ; sur le chanvre, le lin, le sarrasin.

Il produit peu d'effet sur les prairies naturelles, et aucun sur les céréales.

Lorsqu'on veut plâtrer une récolte, il faut choisir, au printemps (la plante n'ayant encore que quelques feuilles développées), une matinée brumeuse et calme ; ou profiter de la rosée, matin et soir.

Un vent sec ou une grande pluie neutralise l'action du plâtre.

Suie. — La suie produit de bons effets sur les prairies humides et sur celles que la mousse dévore. On l'emploie à la dose de 30 à 50 hectolitres par hectare. On la mêle par moitié avec la terre sèche, et on la répand à la volée.

Cendres. — Toutes les cultures, principalement la vigne, se trouvent bien de l'amendement des cendres vives ou lessivées. Elles ameublissent considérablement les terres argileuses, et elles font disparaître des prés les joncs et les fourrages aigres.

On les répand sur les prairies dans la proportion de 25 hectolitres par hectare.

Ecobuage. — Par écobuage, on entend l'action de brûler la surface du sol. Cette opération a pour effet de détruire les mauvaises herbes qu'elle convertit en engrais, et de combattre l'acidité du sol.

L'écobuage contribue à l'ameublissement des terrains argileux et tourbeux, mais il serait nuisible aux terres sablonneuses.

Terres de routes. — Les terres de routes, continuellement imprégnées des déjections des animaux qui les parcourent, et pulvérisées par l'action du soleil et de la circulation, sont un bon amendement pour les vignes et pour les terres fortes.

Sel marin. — Le sel marin employé avec discernement favorise la végétation et donne des produits d'excellente qualité. Il se répand au printemps, à la volée. La quantité par hectare est de 300 kilos pour les céréales, les pommes de terre et les prairies naturelles sèches, et de 150 kilos pour les fourrages légumineux, trèfle, luzerne, sainfoin, etc. Dans le provignage des vignes, à défaut de fumier, on peut employer le sel; une poignée environ suffit pour un provin ordinaire, et l'on recouvre avec la terre extraite.

Effets des amendements. — Comme il a été dit, les amendements accroissent la force végétative du sol, mais c'est plutôt en facilitant l'absorption des sucs nourriciers, qu'en fournissant eux-mêmes des aliments aux végétaux. Ils épuiseraient bien vite les terres soumises à leur action, si l'on n'avait soin de fumer après la première ou la seconde récolte, surtout quand on a employé la chaux, la marne ou l'écobuage.

Engrais. — On appelle engrais des matières végétales ou animales qui fournissent au sol les substances alimentaires indispensables à la végétation.

On peut les diviser en quatre classes : engrais végétaux, engrais animaux, fumiers, engrais servant d'amendements.

La force de végétation dépend de la quantité de principes nourriciers qui pénètrent dans les plantes par les radicelles; mais l'absorption n'a lieu qu'autant que les matières nutritives sont gazeuses ou dissoutes dans l'eau. C'est pour cela que, dans les années sèches, la pluie ne dissolvant pas les sels des engrais, les plantes languissent faute de nourriture ; et que, dans les années pluvieuses, les sucs nourriciers étant trop promptement absorbés, les végétaux poussent très-vite, n'ont pas le temps de se fortifier et versent.

Engrais végétaux. — Les engrais végétaux dont on fait le plus d'usage sont : les tourteaux, les marcs, les mauvaises herbes, les feuilles, les branches garnies de feuilles vertes.

Tourteaux. — On appelle tourteau le résidu des graines oléagineuses qu'on a pressurées pour en extraire l'huile. C'est un engrais puissant qu'on répand en poudre, à la dose de 1000 kilos par hectare. Les tourteaux conviennent mieux aux terres légères qu'aux terres fortes.

Marcs. — Les marcs servent d'engrais aux récoltes de même nature que celles qui ont donné les fruits d'où ils proviennent.

Les marcs de raisins qui ont servi à la distillation de l'eau-de-vie ont peu de vertu ; néanmoins ils servent d'engrais aux vignes de choix, mais auparavant il est prudent de les laisser fermenter à l'air ou de les mélanger de chaux pour leur faire perdre leur acidité.

Engrais animaux : sang, chair. — Desséchés et réduits en poudre, le sang et les chairs des animaux forment un des engrais les plus estimés. On l'emploie mélangé avec six fois son volume de terre fortement séchée. La quantité de ce mélange est portée à 60 quintaux métriques par hectare.

On peut aussi utiliser les corps d'animaux morts, en les emplissant et les couvrant de chaux vive, puis les recouvrant de terre. Quand la décomposition est parfaite, on brasse cet amas de façon à le bien mélanger.

Plumes, os, etc. — Les plumes, les débris de cornes, de peaux, les sabots de cheval et autres, les os concassés ou réduits en poudre, après avoir été calcinés, sont un engrais excellent, mais qu'on emploie peu isolément, vu la difficulté de s'en procurer une quantité suffisante. On les utilise pour la formation des composts.

Laine. — La laine est le plus riche de tous les engrais animaux. Elle convient particulièrement au colza, au chou, à la pomme de terre, aux arbres. Elle rend moins brûlants les sols sableux et les terres calcaires, par la propriété qu'elle possède de garder l'humidité.

Pour employer la laine, on la divise en parcelles très-menues ;

on la répand par un temps calme et on l'enterre immédiatement.

Matières fécales. — Les matières fécales agissent puissamment sur les plantes à croissance rapide. Comme elles sont
fort caustiques, il est nécessaire de les étendre d'eau avant de
les employer, si on les utilise à l'état liquide. On peut aussi les
mélanger avec de la terre brûlée, et les répandre ensuite sur le
champ qu'elles doivent fertiliser.

Pour les désinfecter, on verse dans la fosse, pour 100 kilos
de matières fécales, un litre d'eau contenant en dissolution 2 à
3 kilos de couperose ou sulfate de fer.
Outre le sulfate de fer, il est d'autres matières qui peuvent
être employées à la désinfection des fosses ouvertes, et que l'on
peut se procurer aisément : le poussier de charbon de bois, la
tourbe carbonisée, le plâtre, le vieux terreau, etc.

Urines et eaux vannes. — Les urines et eaux vannes ou
eaux de latrines s'emploient, étendues d'eau de plusieurs fois
leur volume, sur les terrains calcaires ou sableux.
Colombine, guano. — La colombine ou fiente des volailles
et le guano ou fiente d'oiseaux sauvages des mers du Sud sont
des engrais très-actifs.
On les répand en poudre sur les sols argileux ou sur les récoltes languissantes, dans la proportion, par hectare, de 300
kilos pour les céréales, et de 250 kilos pour les prairies.
Fumier. — Le fumier est l'engrais le plus usité et dont la
production est la plus abondante. Il convient à toutes les plantes
et à tous les sols. La durée de son effet dépend principalement
du genre de nourriture donnée au bétail qui le produit. Le
meilleur fumier provient des animaux le mieux et le plus co-
pieusement nourris.
On divise les fumiers en deux classes : fumiers chauds et
fumiers frais. La première classe comprend les fumiers de
cheval, d'âne, de mulet, de mouton, de chèvre, de lapin; dans la
seconde classe, on range le fumier des bêtes bovines et le fumier de porc.

Les fumiers chauds et les fumiers longs ou pailleux conviennent aux terrains argileux; les fumiers frais, aux terres sablonneuses et aux terres calcaires. Mais la nature des végétaux
auxquels on les destine peut modifier le choix des fumiers. En
général, les plantes qui végètent rapidement exigent un fumier
plus décomposé que celles dont la végétation est longue.

Fumiers chauds. — Le fumier de mouton ne dure que deux ans; il laisse aux végétaux qu'il a nourris un goût désagréable, ce qui fait qu'on ne l'emploie point pour la culture des plantes potagères; il expose les blés à verser; mais il convient parfaitement aux plantes oléagineuses et textiles.

Par le moyen du parcage, on peut obtenir directement cet engrais sur les champs qu'il doit fumer. Le parcage est avantageux sur les semailles, quand le sol n'est point trop compacte ni trop humide : sur les terres sablonneuses, le piétinement des moutons donne plus de consistance au sol.

Le fumier de cheval agit plus vite que celui de mouton, et son effet se fait sentir plus longtemps.

Fumiers frais. — Le fumier des bêtes bovines est de tous les fumiers celui qui agit le plus longtemps et avec le plus d'uniformité. Il peut être employé sur tous les sols; il donne de la consistance au sol sableux, de la souplesse au terrain argileux, et il rafraîchit la terre calcaire.

Lorsqu'on nourrit les bêtes à cornes dans les pâturages, il faut avoir soin d'éparpiller leurs déjections, autrement ces matières feraient pousser des touffes d'herbe que le bétail refuse de manger.

Le fumier de porc conserve la faculté germinative aux graines de mauvaises herbes qu'il peut renfermer. C'est pour cela qu'on l'emploie de préférence pour fumer les prairies.

Litière. — La litière est destinée à fournir aux bestiaux une couche molle et chaude, à les tenir propres et sains, et à augmenter la quantité de fumier. Elle est ordinairement faite avec les pailles de céréales, de colza, de féveroles, avec les feuilles mortes des arbres, les bruyères, et aussi avec de la tourbe, du gazon, du sable et de la terre sèche. Cependant la litière terreuse ne s'emploie guère que pour les moutons.

Les bêtes qu'on engraisse et les bestiaux nourris de fourrages verts ou de résidus de distillerie, demandent la litière la plus abondante.

On estime que la paille devant servir de litière peut être évaluée, par jour, de 2 à 5 kilos pour chaque bœuf ou vache, de 2 à 3 kilos pour chaque mulet ou cheval, et à un hecto pour chaque mouton. Cette paille doit être coupée ou froissée, afin qu'elle s'imprègne mieux des déjections du bétail.

Rapport entre le fourrage et la litière, et le fumier. — Les agriculteurs modernes les plus habiles calculent la production du fumier d'après la quantité de fourrage et de litière dont ils disposent; et ils se sont convaincus par de nombreuses expériences que, quand la litière est bien faite et que les animaux sont soumis à la stabulation permanente, on obtient en fumier le double du poids des fourrages et de la paille consommés; c'est-à-dire que 100 kilos de foin et 50 kilos de paille produisent 300 kilos de fumier.

Soins à donner au fumier. — Dans les écuries, on enlève tous les jours la partie de la litière qui a reçu les excréments. Dans les étables, les bergeries et les porcheries, le fumier reste plus longtemps. Il est avantageux, en effet, de le laisser sous les bestiaux autant qu'il est possible de le faire, sans nuire à leur santé; car plus le fumier est gras et imprégné d'urine, meilleur il est et mieux il se conserve.

Si l'on répand chaque jour quelques poignées de plâtre en poudre sur la vieille litière, avant d'y déposer la paille nouvelle, on fixe les parties volatiles du fumier, et l'on empêche le dégagement des gaz pernicieux à la santé du bétail, mais surtout utiles pour la bonne condition des fumiers. En agissant de la sorte, le fumier peut rester sous les animaux jusqu'au moment de l'utiliser; mais on doit alors se servir de crèches mobiles qu'on puisse exhausser à mesure que le fumier augmente. A défaut de plâtre, on arrose la vieille litière avec un liquide formé par une dissolution d'une partie de couperose, dans quatre parties d'eau. Un demi-kilo de couperose, dissous dans deux litres d'eau, suffit pour une étable de dix têtes de gros bétail. La couperose est préférable au plâtre.

Si l'on ne peut employer le fumier au sortir de l'étable ou de l'écurie, il faut le déposer dans un endroit spécial, présentant une surface rendue imperméable, et entourée d'une rigole qui recueille le purin et le déverse dans une fosse contiguë construite exprès. Ce lieu doit, autant que possible, être au nord, abrité contre les ardeurs du soleil et contre la pluie, car le soleil dessèche le fumier et la pluie en entraîne les sels qu'elle dissout.

On doit épandre également sur toute la surface le fumier déposé. Si l'on prévoit l'employer bientôt, on ne le tasse point; mais s'il doit rester longtemps en place, on le comprime, principalement sur les bords, tout en ayant soin de ne pas laisser de creux dans le tas; puis on le recouvre de terre que l'on bat avec le dos d'une pelle, et l'on veille soigneusement à sa conservation. Le fumier desséché ou moisi a perdu en grande partie son efficacité. On préserve le fumier de la moisissure par des arrosements avec le purin.

Purin. — Ce liquide, contenant en dissolution les sels du fumier, doit être soigneusement recueilli. Étendu de beaucoup d'eau, il est employé avec avantage pour l'irrigation des prairies.

Quantité de fumier par hectare. — On évalue à 500 quintaux métriques par hectare la quantité de fumier nécessaire pendant la durée de l'assolement. Toutefois cette quantité est loin d'être absolue; elle varie, d'après la durée de la rotation, l'espèce des plantes cultivées et la nature du sol.

Engrais servant d'amendement. — Les récoltes enfouies en vert donnent de la fraîcheur aux terrains brûlants et ameublissent les terres fortes; mais dans ces dernières, il est plus avantageux de les employer concurremment avec la chaux. Le buis et les tiges du maïs récolté pour le grain servent d'engrais et d'amendement aux terrains argileux : on les emploie aussi à fumer les vignes provignées.

On choisit pour engrais verts des plantes à croissance rapide et qui tirent de l'air leur principale nourriture : les vesces, les pois mêlés d'avoine, le trèfle, le colza, les feuilles de chou, les lupins, le sarrasin, le genêt, la spergule, la moutarde. Au moment de la floraison, on renverse ces plantes avec le rouleau et on les enfouit par un labour.

Ces engrais ne valent point les fumiers, cependant ils produisent de très-bons effets sur les terres légères et chaudes, et ils sont fort avantageux pour les champs éloignés et pour les terres d'un accès difficile.

Compost. — On nomme compost un mélange de matières végétales ou animales et terreuses, que l'on entasse pour la fermentation.

On utilise à cet effet tout ce qui pourrait servir à la composition du fumier, mais dont on ne dispose qu'accidentellement, par exemple : tous les déchets de grange, les balayures, les mauvaises herbes, les matières fécales, la colombine, les animaux morts, les chrysalides de vers à soie, le gazon, les feuilles mortes, la terre provenant du curage des fossés, la vase d'étang, la chaux, la marne, les plâtras, la boue, etc. On arrose le tas avec des eaux vannes, du purin, les eaux de filature, les eaux grasses d'évier; on le remue plusieurs fois pour bien opérer le mélange, en ayant soin d'arroser après chaque opération.

Les composts conviennent particulièrement aux prairies et aux arbres fruitiers.

Moyen facile d'augmenter la quantité des engrais. — On creuse une fosse d'une capacité six ou sept fois plus grande qu'il ne le faudrait pour recevoir le fumier sur lequel on veut opérer. On l'emplit avec ce fumier et la terre extraite, bien épierrée et bien ameublie, en ayant soin d'alterner les couches de fumier et de terre, d'augmenter progressivement l'épaisseur des couches de fumier, et de terminer l'opération par une couche de terre.

Autant que possible, il faut établir la fosse sur le champ ou près du champ qu'on veut fumer, afin d'éviter des charrois d'autant plus coûteux que la distance à parcourir est plus grande.

Le mélange doit rester entassé pendant plusieurs mois avant d'être employé.

Par ce procédé on peut quintupler et même sextupler la quantité des engrais; car après avoir fermenté et s'être laissé pénétrer par les eaux de la pluie et des neiges, qui ont dissous les sels du fumier, la masse tout entière a acquis les mêmes propriétés fertilisantes que si elle se trouvait composée exclusivement de fumier.

Ce fait a été vérifié par des expériences suivies pendant trois années consécutives par la société d'Agriculture de Grenoble.

CHAPITRE III

Bétail : choix des bestiaux, soins généraux à donner au bétail. — Espèce chevaline et espèce asine. — Espèce bovine : bêtes de trait, animaux de boucherie, vaches laitières, laitage. — Animaux reproducteurs. — Bêtes à laine. — Bêtes à poil. — Espèce porcine.

Bétail. — On désigne sous le nom de bétail l'ensemble des animaux domestiques nécessaires à l'exploitation du sol.

Ces animaux sont des auxiliaires indispensables à la grande culture; ils produisent des engrais dont on ne peut se passer; ils fournissent, pour la plupart, à l'alimentation de l'homme; enfin, par leur multiplication, ils procurent au cultivateur intelligent un bénéfice certain.

Choix des bestiaux. — Le climat, la configuration et les débouchés du pays, la nature et la fertilité du sol, l'étendue de la propriété, déterminent le choix des bestiaux qu'on doit employer.

Les chevaux conviennent aux plaines argileuses ou froides;

les bêtes à cornes et les porcs, aux plaines sablonneuses et aux pays accidentés ; les mulets rendent de grands services dans les montagnes, car ils sont sobres, assurés dans leur marche et robustes à la fatigue.

Toutes les races de bestiaux ne demandant pas les mêmes conditions de bon entretien, il faut choisir celles dont les besoins sont en harmonie avec les ressources du pays. L'expérience a démontré qu'il est toujours désastreux pour l'agriculture de mettre les animaux exigeants sur un pauvre terrain, et les bêtes sobres dans de gras pâturages.

Soins généraux à donner au bétail. — Il faut placer le bétail dans de bonnes conditions hygiéniques. Le local qui lui est affecté doit être propre, aéré, spacieux, point humide, et facile à soustraire aux influences de la température du dehors.

Le pansage est nécessaire au gros bétail ; des frictions, principalement lorsqu'il est mouillé par la sueur ou par la pluie, lui font grand bien.

On évitera, autant que possible, de laisser le bétail exposé à une grande chaleur ou à un froid trop rigoureux, de le faire boire frais et de le mettre aux courants d'air, lorsqu'il a chaud ou qu'il est encore échauffé par le travail.

La stabulation permanente est avantageuse surtout pour les bêtes de trait et pour celles qu'on engraisse. Les animaux se trouvent bien de quelques heures de pacage. matin et soir, alors que le pacage est possible, ou de quelques sorties dans la journée pour aller à l'abreuvoir.

Le nombre, l'heure et la quotité des repas doivent être déterminés à l'avance et observés rigoureusement. La nourriture sera abondante et en rapport avec la nature de l'animal et le parti qu'on en veut tirer ; les aliments variés. Mais l'on se gardera de passer brusquement d'une nourriture sèche à une nourriture verte, ou d'une ration faible à une ration copieuse.

On a reconnu que 2 kilos de bon foin sont une ration suffisante pour 100 kilos de chair vivante ; c'est-à-dire que l'animal ainsi nourri n'engraisse ni ne dépérit. Mais la ration de travail, celle des bêtes à l'engraissement et celle des femelles qui nourrissent ou dont on exploite le lait, doivent être des deux tiers plus fortes que la ration d'entretien.

Généralement les fourrages secs sont ceux qui conviennent le mieux aux bêtes de trait ; les fourrages aqueux, à celles qui nourrissent ou qu'on entretient pour la production du lait ; et les aliments les plus nutritifs, à celles qu'on engraisse.

Il est bon de donner de temps à autre du sel aux bestiaux.

Cette substance purifie le sang et stimule l'appétit; les bêtes à cornes et les bêtes à laine en sont friandes.

Il est avantageux aussi de concasser les grains qu'on donne au bétail.

Les animaux reproducteurs seront choisis d'après les fins qu'on se propose, et parmi les mieux constitués et les moins vicieux.

Si l'on était réduit à se servir de bêtes défectueuses, on tâcherait de trouver, dans celles qui devraient les appareiller, des qualités contraires aux défauts des premières.

Les femelles réclament des soins particuliers pendant la gestation et à l'époque du part. Il leur faut une nourriture plus abondante et plus choisie, une litière plus épaisse. On doit éloigner d'elles tout ce qui peut les impressionner fortement, et ne pas les soumettre à des exercices pénibles.

Dès qu'il est né, le petit devient ordinairement l'objet des soins les plus touchants de sa mère, qui le lèche pour le nettoyer, exciter la circulation du sang et faciliter sa respiration. Si la mère néglige ce premier soin, on l'engagera à le remplir, en saupoudrant le jeune animal avec du sel, de la farine ou du son, ou bien on le frictionnera avec un linge échauffé. Le petit doit être tenu chaudement. S'il ne rendait pas ses excréments peu de temps après sa naissance, on lui administrerait des lavements huileux.

Il faut bouchonner la mère, l'envelopper d'une couverture, et lui donner pour boisson de l'eau tiède, blanchie avec de la farine, seule nourriture qui convienne durant les vingt-quatre heures qui suivent la mise bas. On augmente insensiblement la qualité et la quantité des aliments, mais en observant un régime sévère. Ce que la mère exige alors, c'est du repos, une température modérée et une nourriture appropriée à son état.

Les bêtes de trait ne doivent pas rester attelées plus de six heures consécutives. Deux attelées de quatre à cinq heures chacune les fatiguent moins qu'une seule attelée de six à sept neures.

Lorsqu'il y a interruption dans le travail et qu'il fait froid, on jette sur les animaux des couvertures qu'ils gardent tout le temps du repos. En été, il faut éviter de les faire travailler pen-les heures brûlantes du jour.

Durant les chaleurs, les mouches tourmentent d'autant plus les animaux attelés qu'ils sont dans l'impossibilité de se défendre. En couvrant les bestiaux de filets ornés de ficelles pendantes en guise de franges, ou bien en les frictionnant avec une éponge ou un linge imbibé d'une infusion, fortement chargée, de feuilles de noyer ou feuilles d'absinthe, ou de morelle, ou de chicorée sauvage, on les délivre de l'importunité de ces insectes.

Le bétail demande à être traité avec douceur, les mauvais traitements l'irritent sans le corriger. Au contraire, il est sensible aux bons traitements et s'en montre reconnaissant. Souvent on a vu des animaux braver les coups pour accourir à l'appel d'une voix amie; comme aussi on en a vu se venger d'une manière terrible de ceux qui les persécutent.

Espèce chevaline et espèce asine. — Le cheval est un animal précieux, surtout pour les charrois, à cause de la célérité de sa marche; mais, dans les labours, il se rebute plus aisément que le bœuf.

Le pansage lui est nécessaire, au moins une fois par jour et à fond; en outre, chaque fois qu'il revient à l'écurie, fatigué ou mouillé, il doit être délassé ou séché par des frictions avec un bouchon de paille tordue.

Sa nourriture préférée se compose de foin, d'avoine, de paille hachée et d'eau pure. Le panais, le topinambour et surtout la carotte sont les racines qui lui conviennent le mieux.

Pendant les chaleurs, on le rafraîchit en lui donnant du son frisé, c'est-à-dire humecté d'eau. Il est prudent de le faire boire avant de lui donner l'avoine, dans la crainte qu'après l'avoir mangée, l'eau n'entraînât hors de l'estomac, des grains incomplétement digérés, ce qui pourrait occasionner des indigestions.

Le poulain réclame une nourriture substantielle, mais plus aqueuse que sèche.

On a reconnu qu'il croît dans la première année quatre fois plus que dans la deuxième, et dix fois plus que dans la troisième.

Le mulet et l'âne demandent, mais moins impérieusement, les mêmes soins hygiéniques que le cheval : ils sont aussi plus que ce dernier faciles à contenter sous le rapport de la nourriture. On les emploie comme bêtes de trait ou de somme.

Espèce bovine. — Les races de bêtes à corne sont très-variées.

Les races indigènes les plus renommées sont :

Pour le trait, les races de Salers, d'Aubrac, du Mézenc, laborieuses, intelligentes, dociles, infatigables au labour et s'acclimatant partout; les races garonnaise et bretonne.

Pour la boucherie, la race normande ou cotentine et la race poitevine ou cholataise;

Pour la production du lait, la race cotentine et du pays d'Auge, les races bretonne et flamande.

Les races limousine, charolaise, nivernaise, donnent des bêtes également bonnes pour le trait et pour la boucherie.

La race du Villard-de-Lans est remarquable par son aptitude au travail, à l'engraissement et à la production du lait.

Cette race a été classée par arrêté de M. le Ministre de l'agriculture, du commerce et des travaux publics, au nombre de celles qui ont droit à des récompenses spéciales dans les concours régionaux. Elle est précieuse surtout pour le Dauphiné, où elle est depuis longtemps acclimatée. Les encouragements du conseil général de l'Isère, pour en accroître la propagation, témoignent des services qu'elle est appelée à rendre dans ce département.

Les caractères distinctifs des animaux de cette race sont : la robe froment; les muqueuses jaunâtres, presque de la couleur du poil; la tête forte, le front droit, les cornes d'un jaune blanc, évasées, bien plantées et faites pour le joug; les jambes hautes, musculeuses, les jarrets très-accusés; la queue longue et fine à son extrémité.

Parmi les races étrangères, celle qui a la supériorité pour la boucherie est la race anglaise, dite Durham, à courtes cornes, et pour la production du lait, les plus estimées sont les races hollandaise, suisse et écossaise.

La nourriture des bêtes à cornes est de deux sortes, verte ou sèche; et quelle qu'elle soit, il n'en faut donner que peu à la fois, mais souvent.

La nourriture verte consiste en trèfle, luzerne, sainfoin, maïs, vesces, sarrasin, feuilles de rave, de betterave, de chou, etc. On doit s'arranger de manière à en avoir depuis le mois d'avril jusqu'au mois d'octobre, de telle sorte qu'une espèce de fourrage vert cessant, une autre lui succède immédiatement.

La luzerne et le trèfle ne doivent pas être fauchés humides, ni donnés en cet état aux bêtes à cornes, qu'ils exposeraient à la météorisation; et, lorsqu'on livre au pâturage une luzernière ou une tréflière, il faut attendre, avant d'y conduire les bestiaux, que la rosée ou l'humidité de la pluie soit entièrement dissipée.

La nourriture sèche se compose de foin, de regain et de paille, qu'on a mélangés en les entassant alternativement, rang par rang, avant la complète dessiccation du foin et du regain, et de racines, pommes de terre, carottes, betteraves, etc. Les racines doivent être nettoyées et coupées en morceaux.

Bêtes de trait. — Chez les bêtes à cornes, les signes distinctifs des animaux de trait sont une charpente osseuse et forte, la tête courte et ramassée, le front large ; les cornes grosses, courtes et luisantes ; les yeux gros et noirs ; le mufle gros et camus, les lèvres noires, les naseaux bien ouverts ; les oreilles grandes, velues et unies ; le poitrail bien développé ; les membres d'aplomb, les pieds solides, l'ongle court et large ; la queue pendante, garnie de poils touffus et fins.

La nourriture la plus convenable à ces animaux pendant la saison des travaux pénibles, se compose de foin de bonne qualité, de racines et d'une petite ration de grains concassés, ou de farine de ces mêmes grains délayée dans leur breuvage.

Les bœufs ne doivent travailler que de trois à dix ans. Parvenus à ce dernier âge, ils peuvent encore s'engraisser ; mais quand ils sont plus âgés, leur viande perd beaucoup en qualité.

Les vaches qu'on emploie comme bêtes de trait donnent d'autant moins de lait qu'on les fait servir à de plus rudes travaux ; mais si l'on ménage leurs forces, elles donnent des produits avantageux en travail et en lait.

Animaux de boucherie. — Toutes les bêtes à cornes n'ont pas la même aptitude à l'engraissement. Les animaux de la race Durham peuvent être mis à l'engrais dès l'âge de trois ans ; pour les autres races, l'âge le plus favorable est de cinq à huit ans au plus. On choisit de préférence les animaux qui ont les os petits, la peau souple, luisante, très-mobile sur les côtes, avec le poil fin, court et peu touffu ; les jambes fines, la poitrine ample, la tête petite, les yeux saillants ; le regard vif, doux et assuré ; les cornes minces et lisses, le caractère doux.

Voici les principales règles à suivre pour l'engraissement :

1° Maintenir dans les étables une température douce et toujours égale :

2° N'y laisser pénétrer que le jour nécessaire pour le service, car l'obscurité invite au repos et provoque le sommeil ;

3° Faire une litière abondante, afin que les animaux restent volontiers couchés ;

4° Observer la plus grande régularité dans les heures des repas et dans la quotité des rations ;

5° Pratiquer le pansage journalier avec la brosse et l'étrille ;

6° Charger exclusivement la même personne du service des animaux à l'engrais.

Des expériences très-exactes ont démontré qu'un bœuf à l'engrais, qui reçoit par jour 20 kilos de foin de bonne qualité, augmente d'un kilo en poids. Mais il est plus économique et plus avantageux de remplacer une grande partie du foin par des grains concassés et des racines. La boisson doit toujours être de l'eau blanchie.

Si, dans le cours de l'engraissement, les animaux semblaient perdre l'appétit, on leur laverait la bouche et la langue avec un mélange de sel et d'ail écrasés dans du vinaigre; puis on les laisserait un jour à la diète, sans autre nourriture qu'un peu de son et d'eau blanche. L'addition d'un peu de sel aux repas ordinaires empêche l'appétit de devenir languissant.

Lorsqu'on veut pousser l'engraissement au plus haut point, il faut, dans les derniers temps, ajouter à chaque repas une certaine quantité de tourteaux pulvérisés et 2 ou 3 kilos de féveroles, de maïs, d'avoine, d'orge, ou d'autres grains réduits en farine grossière, qu'on humecte d'un peu d'eau salée.

Animaux reproducteurs. — Le taureau doit être gros, sans être trop pesant, et en bonne chair, vif, plein d'ardeur, bien proportionné et d'un caractère doux; mais ce qui importe le plus, c'est qu'il provienne d'une mère bonne laitière. On ne l'emploie guère que de trois à neuf ans; plus âgé, il est trop lourd. S'il devient vicieux, on se hâtera de le réformer, parce que ses défauts sont transmissibles.

Lorsqu'on veut améliorer la race des bêtes à cornes, il faut choisir dans la race du pays les vaches les plus grandes et les mieux faites. Si, aux belles proportions du corps, elles joignent la qualité d'être bonnes laitières, on se procurera certainement une race distinguée sous tous les rapports, en persévérant dans ce choix intelligent pendant quelques années.

Sous peine de dégénérescence, les génisses ne doivent pas porter avant l'âge de trois ans, et les veaux-élèves être sevrés avant l'âge de deux mois.

Il est fort important de cesser de traire les vaches vers la fin du septième mois de la gestation, et de leur donner une bonne nourriture deux mois au moins avant le moment du part, afin d'avoir un veau mieux constitué et aussi afin d'augmenter la production du lait. Une vache en bon état à cette époque donnera pendant plusieurs mois, à nourriture égale, le double du lait qu'elle aurait produit si on l'eût laissée dépérir avant ce moment.

Quelque temps avant de sevrer les veaux, il est bon de mêler à leur boisson une infusion de foin de bonne qualité.

Vache laitière. — Les vaches grandes laitières ont rarement des formes qui plaisent à l'œil; souvent elles sont maigres et mal conformées. En général, une vache bonne laitière a le corps allongé, assez bas sur jambes; la tête petite; l'œil doux, à fleur de tête, avec un enfoncement bien marqué dans les os au-dessus et au-dessous de l'œil; le front déprimé, l'oreille large, mince et presque transparente, la corne fine et luisante, peu de fanon, la poitrine étroite, les quartiers de derrière d'une construction relativement plus pesante que ceux de devant; les veines du ventre grosses, noueuses, en forme de chapelet; le pis convenablement développé est couvert d'une peau fine et douce, s'étendant sous le ventre et en arrière des cuisses, dont l'intérieur est d'un jaune orangé et revêtu d'un poil très-court, doux et fin; la queue bien attachée, fine et très-longue.

On a remarqué que plus il se trouve sur la tétine de lignes ou de plaques formées de poils remontants et à peine interrompues par des poils descendants, plus abondante est la production du lait.

On assure aussi que la couleur de la robe n'est pas une marque à dédaigner : ainsi les robes noires, les robes d'un rouge vif, les robes couleur de souris, sont, au dire de ménagères, des indices de la richesse du lait; tandis que les robes blanches annoncent ordinairement un lait abondant, mais assez pauvre en beurre.

Laitage. — Les aliments influent non-seulement sur la quantité, mais encore sur la qualité et le goût du lait : les bons fourrages et les bons herbages donnent le meilleur lait. La litière souvent renouvelée en été, et des boissons tièdes en hiver, en augmentent la production.

Le bon lait a une teinte jaunâtre; le lait de mauvaise qualité est bleuâtre et clair.

Le lait craint les mauvaises odeurs, la malpropreté; il souffre de la grande chaleur et redoute les secousses. On doit le déposer dans des vases plutôt larges que profonds, afin de faciliter le dégagement de la crême.

Le meilleur beurre est fait avec de la crême levée sur du lait doux, trait seulement depuis dix ou douze heures.

Si l'on ne veut pas écrémer le lait avant qu'il soit caillé, il faut le faire aussitôt que la crême forme une espèce de peau à sa surface.

Lorsqu'on est obligé de recueillir la crême de plusieurs jours pour faire une battue, on la conserve soigneusement en un lieu frais, dans des vases à orifice étroit. Pour que le beurre se fasse bien, il faut que la crême ait de 12 à 15 degrés de chaleur, et qu'on imprime à la baratte un mouvement régulier, ni trop lent, ni trop précipité.

Si le beurre tardait à se former, on ajouterait à la crême un peu de sel de cuisine.

Le beurre s'obtient aussi directement en barattant le lait.

Les fromages gras se font avec du lait dont on n'enlève pas la crème ; et les fromages maigres, avec le caillé. On fait encore des fromages avec le bas-beurre ou ce qui reste de la crème et du lait après l'extraction du beurre.

La présure dont on se sert généralement pour former le caillé, est faite avec l'estomac d'un veau, d'un agneau ou d'un chevreau fraîchement tué, et qui n'a été nourri qu'avec le lait de sa mère. Parmi les autres présures, on remarque les fleurs desséchées de l'artichaut et du cardon. Ces présures sont d'un emploi agréable et elles ne communiquent au fromage aucune saveur particulière.

Bêtes à laine. — Les races de moutons sont nombreuses, néanmoins elles peuvent se réduire à deux : moutons à laine frisée, moutons à laine lisse.

Les mérinos ou croisés-mérinos donnent la plus belle laine ; les moutons ordinaires et les moutons d'Écosse fournissent une viande délicate ; les races anglaises perfectionnées, notamment celle de Dishley, sont remarquables par leur forte taille, leur embonpoint précoce, la longueur et l'abondance de la laine.

Le pâturage est le régime qui convient le mieux aux moutons ; mais il faut, autant que possible, les conduire sur des terrains secs, car l'humidité leur est funeste.

La nourriture à la bergerie se compose de fourrages secs des prairies naturelles ou artificielles, de paille, de racines, de grains, de tourteaux, etc. Excepté le foin et la paille, tous les aliments doivent leur être donnés mélangés.

Le sel est salutaire aux moutons. On le leur donne mêlé à la nourriture ordinaire, dans la proportion de dix grammes par tête et par jour, ou bien l'on en suspend dans la bergerie des morceaux ou des sachets qu'ils viennent lécher.

Certains fourrages les exposent à la météorisation. On prévient cet accident en leur faisant manger quelque peu de nourriture sèche avant de leur donner les fourrages qui pourraient produire ce malaise, et en ne leur délivrant ces herbages que lorsque l'humidité de la rosée ou de la pluie est complétement dissipée.

La brebis porte cinq mois. Pendant le dernier mois de sa gestation, elle demande beaucoup de soins. On doit éviter de précipiter sa marche, de la laisser presser à la sortie et à la rentrée de la bergerie, de la laisser exposée à la pluie, surtout à la pluie d'orage ; de la faire séjourner sur des terrains humides. Quelques jours avant la mise bas, on la place dans un lieu spécial et on ne la conduit plus au pâturage. Une semaine après l'agnelage, on lui donne, outre la ration ordinaire, un supplément en avoine ou en farine de légumes. Lorsque l'agneau a quinze jours, il peut suivre sa mère dans les champs.

Le lait de brebis ayant une saveur désagréable, on ne l'emploie guère liquide comme aliment, mais il sert à faire des fromages délicats.

Bêtes à poil. — La chèvre est plus robuste et plus forte que la brebis. Elle ne craint point la rosée, supporte bien la chaleur, et se contente d'une nourriture frugale, mais propre. On peut la soumettre à la stabulation permanente. Un de ses aliments préférés est la feuille de vigne, verte ou macérée à la façon de la choucroute.

Les chèvres blanches et sans cornes donnent, dit-on, le lait le plus doux et le moins odorant.

Bien que cet animal soit très-capricieux, il se familiarise aisément, se montre sensible aux caresses, et suit docilement la personne qui en prend soin; mais il se révolte contre les mauvais traitements.

Espèce porcine. — Les races françaises les plus renommées de l'espèce porcine sont celles de la vallée d'Auge, du Périgord, du Poitou, et le cochon-pie. La grande race anglaise et les porcs de la Chine et de l'Inde sont susceptibles d'un embonpoint extraordinaire.

La couleur de ces animaux varie avec le climat; ils sont noirs, blancs, noirs et blancs, ou d'un roux tirant sur le brun: ces derniers sont les plus estimés.

Les porcs aiment les glands, les faînes et tous les fruits sauvages. Les pâturages de trèfle, de luzerne, sont ceux qu'ils préfèrent; ils sont très-friands de pommes de terre et de carottes, et ils recherchent avec avidité la nourriture animale. Cependant ils ne sont pas difficiles sur la nature des aliments, car ils mangent de tout.

Jusqu'à l'âge de deux ans, ils s'engraissent très-aisément. Ceux qui prennent la graisse le plus vite ont la tête petite, le corps bas sur jambes, les soies claires, fines et couchées dans le bon sens, la queue fine et courte.

La nourriture des porcs à l'engrais doit être variée et augmenter graduellement en qualité. On soutient leur appétit en leur administrant quelques poignées d'avoine humectée et saupoudrée de sel.

Contrairement à l'opinion commune, le porc réclame les plus

grands soins de propreté. La grande chaleur l'incommode, si l'on n'a pas la précaution de le faire baigner ou de tenir à sa portée de l'eau bien claire pour qu'il puisse se rafraîchir.

Avant et après la mise bas, la truie doit être traitée avec douceur, sinon elle peut devenir très-méchante. Pour empêcher qu'elle ne dévore ses petits, on les frotte avec une décoction de coloquinte ou de chicorée amère.

On ne doit pas lui laisser plus de porcelets qu'elle n'a de mamelles, parce que chaque petit choisit une mamelle qu'il suce exclusivement jusqu'à ce qu'il soit sevré.

CHAPITRE IV

Bâtiments affectés au logement du bétail : écurie, étable, bergerie, porcherie.

Façons générales du sol : labours, hersage, roulage, sarclage, binage, buttage.

Principaux instruments de culture : charrue, scarificateur, extirpateur, herse, rouleau, houe à cheval, buttoir, semoir.

Semailles.

Instruments de transport, véhicules : brouette, camion, traîneau, hotte, manne, civière, char, chariot, charrette, tombereau.

Bâtiments affectés au logement du bétail. — Ces bâtiments doivent être abrités contre les vents froids du nord et contre les chaleurs brûlantes de l'été ; l'exposition à l'est ou au sud-est est la plus convenable. On choisit un emplacement sec, parce que l'humidité est pernicieuse, surtout aux chevaux et aux moutons ; et, pour empêcher que l'urine ne s'imprègne dans le sol, on le revêt de pavés liés entre eux par un ciment hydraulique, ou de briques sur champ, ou d'un béton imperméable, ou d'un plancher, suivant l'espèce de bétail et les matériaux dont on peut disposer, en ayant soin de ménager une légère inclinaison qui laisse glisser le purin dans une rigole pratiquée à cette effet derrière les animaux et aboutissant à la fosse à purin.

L'aération devra être facile ; les portes larges, s'ouvrant indifféremment en dehors et en dedans et se fermant d'elles-mêmes ; les fenêtres pratiquées de façon que la lumière ne donne point sur les yeux des animaux, et que les courants d'air se meuvent au-dessus du bétail ou derrière lui.

La plus grande propreté doit régner dans ces bâtiments ; il est très-utile d'en laver tous les ans, avec un lait de chaux, l'intérieur des murs.

Il est plus avantageux d'établir en pierre qu'en bois les crèches ou mangeoires du gros bétail et des porcs; car, outre qu'elles sont plus faciles à maintenir propres, elles préservent les chevaux contre le tic des dents, en ce qu'elles ne se prêtent point au mâchonnement. Les fuseaux des râteliers doivent être mobiles, c'est-à-dire tournants sur leur axe.

On estime qu'il faut, par tête de gros bétail, une surface de 6 à 7 mètres carrés; par tête de porc, 5 à 6 mètres carrés, et, par chaque bête à laine, un espace égal à sa longueur sur deux fois sa largeur.

Écurie. — Le sol d'une écurie est ordinairement pavé, pour qu'il puisse mieux résister au piétinement du cheval. Le plancher doit être tenu en bon état, afin qu'il retienne la poussière de l'étage supérieur. Les fenêtres doivent être fermées par un double châssis, l'un vitré et l'autre recouvert de toile métallique pour s'opposer à l'introduction des mouches.

Une bonne écurie mesure de trois à quatre mètres de hauteur.

On sépare les chevaux entre eux par des cloisons, ou par des barres en bois suspendues dans le sens de leur longueur.

Étable. — Le sol d'une étable doit être uni, et les fenêtres munies de volets, parce que l'obscurité et la chaleur sont favorables à l'engraissement et à la production du lait, et que les bêtes à cornes ruminent plus commodément dans l'ombre.

Il est bon de séparer ces animaux par des poteaux servant de supports au bord antérieur de la crèche. On évite ainsi des contrariétés pendant les repas.

On peut, en une seule nuit, chasser toutes les mouches d'une étable ou d'une écurie. Il suffit pour cela de placer un peu de chlorure de chaux sur une planche suspendue à une certaine hauteur et de laisser entr'ouverte une fenêtre que l'on doit avoir soin de fermer le lendemain de bonne heure.

Bergerie. — Pour débarrasser la bergerie des gaz que fait naître le séjour des moutons, on pratique tout autour dans les murs, rez terre, des ouvertures étroites qu'on ferme avec des bouchons de paille lorsqu'on ne veut point les utiliser. On divise la bergerie en réduits, au moyen de planches ou de cloisonnages, pour recevoir les béliers, les brebis pleines ou nourrices et les bêtes malades. Des auges en bois et des râteliers doivent être établis le long des murs et dans le milieu de l'enceinte. Les râteliers du milieu ont communément la forme d'un V; ils sont doubles, par conséquent.

Porcherie. — L'exposition du midi est préférable pour l'établissement d'une porcherie. Il est essentiel d'en paver solidement le sol et de construire les murs en bons matériaux, car les porcs aiment à fouiller. On ne saurait non plus apporter trop de propreté dans la tenue de ce bâtiment, qui doit ouvrir sur une cour gazonnée, entourée d'une forte clôture. C'est dans cette cour que sont placées, à l'abri de la pluie, les auges en nombre égal à celui des porcs.

Cependant une seule auge pourrait suffire; alors sa longueur est calculée sur le nombre de bêtes qui doivent y prendre leur pâture; on la recouvre solidement, en laissant des ouvertures en nombre égal à celui des porcs; ces ouvertures seront suffisamment espacées et seulement assez grandes pour que les animaux puissent remuer aisément leurs mâchoires.

Façons générales du sol. — Labours. — Les labours ont pour but d'ameublir et de diviser le sol; de le rendre plus fertile, en exposant tour à tour ses parties aux influences bienfaisantes de l'atmosphère, et en augmentant l'épaisseur de la couche végétale; de détruire les mauvaises herbes, d'enfouir les engrais, d'opérer le mélange avec le sol des substances servant d'amendement, et de recouvrir les semences.

De même que les pierres, les mottes de terre s'opposent au développement de la radicule des plantes qui, ne pouvant les pénétrer, se détourne pour éviter l'obstacle. Elles sont donc nuisibles, puisqu'elles occupent un espace dont la végétation ne peut profiter.

Les mauvaises herbes absorbent les sucs nourriciers de la terre et embarrassent les plantes cultivées. Elles se propagent par la graine seulement, ou par la graine et par les racines; et suivant leur mode de reproduction, il faut employer des moyens particuliers pour les détruire.

La culture des plantes sarclées est l'un des moyens les plus efficaces.

Un bon labour se recommande par des raies nettes, partout également larges et également profondes.

Il est difficile d'indiquer le nombre de labours à donner au sol; l'opportunité fait plus que la quantité. On doit labourer jusqu'à ce que le sol soit bien ameubli et net de mauvaises herbes.

Cependant, ainsi qu'il a été dit, il faut être sobre de labours dans les terres sableuses, et consulter l'état hygrométrique des terrains argileux avant d'y mettre la charrue. Les terrains en pente tant soit peu rapide ne veulent pas non plus de nombreux labours, afin de ne pas trop dénuder leur sommet.

La largeur des raies dépend de la nature du sol, du but et de la profondeur des labours : plus le terrain est fort, plus le labour est profond, moins la bande de terre doit être large, pour rendre plus efficace l'action de la herse et diminuer la résistance que doit vaincre la charrue.

La profondeur des labours est en raison de l'épaisseur de la couche végétale et de l'espèce de récolte.

Les labours profonds permettent aux plantes de croître plus

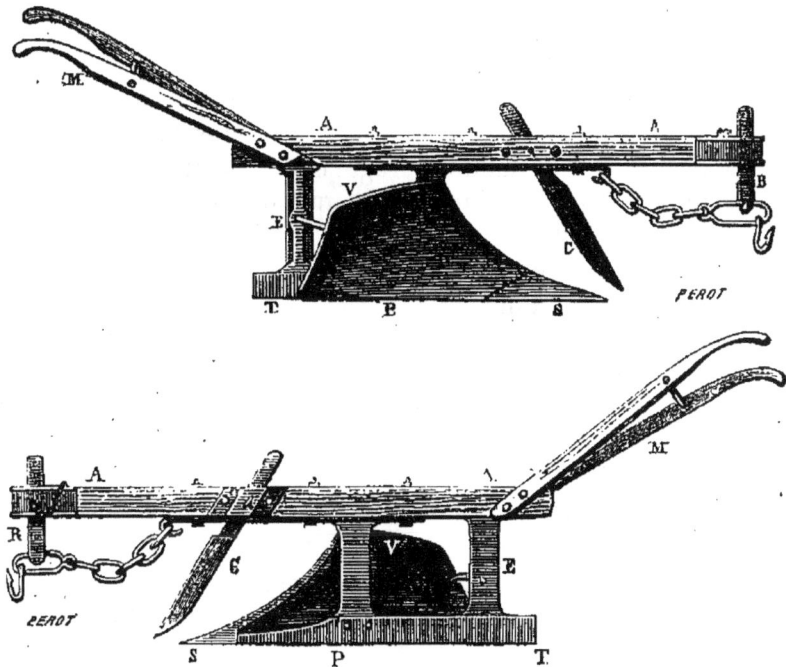

Fig. 3. — Charrues sans avant-train.

épaisses, sans se nuire, et ils les préservent de l'humidité ou d'une sécheresse excessive : du trop d'humidité, en ce qu'ils facilitent le passage de la pluie dans le sol ; et de la sécheresse, parce que l'humidité des couches inférieures peut monter sans obstacle dans la couche végétale. Mais l'on comprend que plus le sol est accessible aux influences atmosphériques, moins les engrais y durent longtemps.

Si le sous-sol est infertile, si son mélange avec le sol ne peut produire un amendement avantageux, il faut se garder de labourer profondément.

De même, lorsqu'on rompt une prairie artificielle établie sur un terrain sableux, le labour doit être superficiel, parce que le séjour de la plante fourragère a formé une mince couche d'humus qu'il importe de ne pas enfouir trop bas.

Ce serait aussi une faute de labourer profondément les terres qu'on a amendées par l'écobuage, par l'emploi de la marne ou de la chaux.

On ne doit pas passer brusquement d'un labour superficiel à un labour profond. La terre se mûrit lentement au contact de l'air; et si tout d'un coup on amenait à la surface du sol une épaisse couche souterraine, on s'exposerait à avoir, les premières années suivantes, de moins belles récoltes qu'auparavant.

Il faut donc augmenter peu à peu la profondeur des labours, et ne pas la porter au-delà de 0^{m}05 en plus chaque année. Ces labours, d'une profondeur progressive, doivent être entrepris au commencement de l'hiver, afin que les mottes, pénétrées par les gelées, se délitent facilement au dégel.

Les labours de printemps ne doivent pas être aussi profonds que ceux d'automne, si l'on veut profiter de l'ameublissement produit par les gelées et éviter l'excessive évaporation causée par les vents secs et par le soleil.

Les labours légers ou superficiels sont ceux qui ne pénètrent qu'à une profondeur de 0^{m}07 à 0^{m}14; dans les labours moyens, la charrue fouille de 0^{m}14 à 0^{m}22; et, dans les labours profonds, elle descend de 0^{m}22 à 0^{m}48.

Mais pour atteindre une profondeur aussi considérable, si le le labour n'est pas fait à bras d'homme, on passe deux fois la charrue dans chaque raie, et dans le second passage on enlève le versoir.

On distingue encore les labours à plat ou en planches, les labours croisés et les labours en billons. Les premiers et les troisièmes tirent leur nom de l'aspect du sol après les labours, et les seconds, de la direction des sillons.

Grâce au drainage, les labours par billons sont aujourd'hui exclusivement réservés aux terrains dont la couche végétale n'est pas assez profonde pour assurer la réussite des plantes.

Les sillons se dirigent ordinairement dans le sens de la pente générale du terrain, pour faciliter l'écoulement des eaux; mais si la pente est trop rapide et qu'on redoute la sécheresse, on trace les sillons perpendiculairement à cette pente, ou plus ou moins obliquement, suivant le résultat qu'on se propose et le degré d'inclinaison du sol.

Hersage. — Le hersage a pour effet de niveler le sol en l'a-meublissant encore, de le disposer à recevoir la semence, d'es-pacer et de recouvrir ensuite cette semence, et d'extirper ou dénuder les racines des plantes adventices.

Mais, pour obtenir ces résultats, il importe que cette opéra-tion soit faite en temps opportun et de la manière la plus conve-nable. Si les mottes de terre sont trop humides, elles se pétris-sent, pour ainsi dire, sous les pieds de l'attelage et sous l'action de la herse; si elles sont trop sèches, elles roulent sans se briser et impriment à l'instrument une marche irrégulière.

Les hersages sont très-avantageux pour desceller au prin-temps les terres fortes et favoriser la production des talles du blé; ils sont aussi d'une grande utilité pour détruire la mousse des prairies naturelles.

Une condition essentielle pour un bon hersage, c'est que chaque dent de la herse creuse une raie distincte.

Les hersages se donnent en long, c'est-à-dire dans le sens de la direction des sillons; en travers, c'est-à-dire perpendicu-lairement ou obliquement à cette direction; on peut encore les donner croisés.

Roulage. — Le roulage a pour effet, dans les terres fortes, de briser les mottes ou de les préparer à recevoir efficacement l'action de la herse; et dans les terres légères, de rasseoir la couche labourée et de donner de la fixité à la semence.

Cette opération est très-utile au printemps pour raffermir les récoltes en céréales déchaussées par les alternatives de la gelée et du dégel.

Sarclage, binage, buttage. — Le sarclage et le binage ont pour but de détruire les mauvaises herbes et de briser la croûte du sol pour le rendre plus perméable à l'air, à l'humidité et à la chaleur.

Le buttage produit les mêmes effets; de plus, il étaie les plantes cultivées et maintient plus de fraîcheur à leur pied.

Principaux instruments de culture : — Charrue.— Une bonne charrue doit être à la fois solide et légère, et pouvoir maintenir par elle-même son équilibre, avec le moins possible d'efforts de la part du laboureur.

Les parties essentielles d'une charrue sont au nombre de sept : le *soc*, le *coutre*, le *versoir*, le *sep*, l'*age* ou *flèche*, le *régulateur* et le *manche*.

Le soc détache la bande de terre, la soulève et en détermine l'épaisseur; le coutre la dégage de toute attache latérale et en précise la largeur : le versoir continue l'action du soc et du coutre, et retourne la bande détachée ; le sep glisse au fond du sillon, à la suite du soc, dont il est en quelque sorte le prolongement ; il sert de point d'appui à la charrue, et de lien en quelques-unes de ses parties ; l'age ou flèche reçoit l'impulsion et la communique à toute la machine ; le régulateur fixe la largeur et la profondeur du sillon ; le manche sert à diriger la charrue. L'age et le sep, auxquels se rattachent toutes les autres parties de la charrue, sont reliés par des étançons et quelquefois aussi par le prolongement de la partie inférieure du manche.

La forme des pièces de la charrue varie suivant la nature du sol et les habitudes des lieux. Pour les terres fortes, le soc est armé d'une ou de deux ailes aciérées, tandis que pour les sols légers ou graveleux, il est façonné en forme de pointe grossière. Le coutre est coudé ou arqué en avant pour les labours de défoncement et ceux des sols tenaces ou pierreux ; coudé ou arqué en arrière pour les labours superficiels, et remplacé par un disque tranchant pour les labours préparatoires de l'écobuage. Le versoir est plan ou diversement contourné ; mais la forme hélicoïde est la plus avantageuse, en ce que la bande de terre se renverse mieux et se détache plus promptement du versoir. Cette pièce

Fig. 4. — Charrue à avant-train.

doit être adaptée de manière à continuer sans transition la direction du soc ; autrement il se formerait à la jonction de ces deux parties un angle qui refoulerait la terre au lieu de l'écarter, tasserait le sol au lieu de l'ameublir, et augmenterait inutilement le tirage. Le sep doit être le moins large possible pour ne pas accroître la résistance ; c'est aussi pour ce motif qu'on adapte à sa partie postérieure un coin de fer qui peut se remplacer, et qu'on appelle *talon de sep*.

Les charrues se divisent en deux grandes classes : *araires* ou charrues sans avant-train, et *charrues avec avant-train*. On distingue encore les charrues à versoir fixe et les charrues à versoir mobile, dites tourne-oreilles.

L'araire exige moins de force, donne un labour plus parfait et permet d'approcher de bien près les arbres et les haies ; mais elle doit être conduite par un laboureur intelligent.

La charrue avec avant-train est plus facile à diriger et convient surtout pour les labours légers.

Pour qu'une charrue laboure bien, il faut que le soc marche parallèlement à la surface du sol.

L'expérience, d'accord avec la théorie, a démontré que le tirage est au minimum lorsque le point de la résistance, le point d'attache et le point de la puissance sont en ligne droite.

Extirpateur. — L'extirpateur est formé par un bâtis en bois supportant un certain nombre de socs à tige disposés en triangle. On l'emploie avec avantage dans les labours superficiels qui ont pour but la destruction des mauvaises herbes, et pour préparer le sol à recevoir la semence lorsque, préalablement, il a été défoncé par la charrue.

Scarificateur. — Le scarificateur est un extirpateur dont les socs ont été remplacés par des coutres.

Fig. 5. — Scarificateur.

On en fait usage pour faciliter le passage de la charrue dans les champs embarrassés de longues racines, et dans les prairies qu'on veut rompre.

Il est très-propre à exécuter des hersages énergiques, et peut servir à recouvrir les semences qui doivent être enterrées profondément.

Herse. — La herse a généralement la forme d'un triangle ou d'un parallélogramme; ses dents sont en bois ou en fer et varient dans leurs formes, suivant leur destination et la nature du sol.

Il importe que les dents soient placées de telle sorte que l'instrument, dans sa marche, trace autant de raies qu'il compte de dents, et que ces raies soient également espacées.

Le point et le mode d'attache de la herse ne sont point indifférents; ils influent sur la régularité et l'énergie du hersage.

Sur les labours en billons, on emploie une herse courbe, dont la largeur et la courbure sont déterminées d'après la largeur et la courbure des billons.

Une des herses les plus estimées est la herse Valcourt. Cette herse est quadrangulaire et s'attache au palonnier au moyen d'une chaîne. En variant le point d'attache, on peut espacer

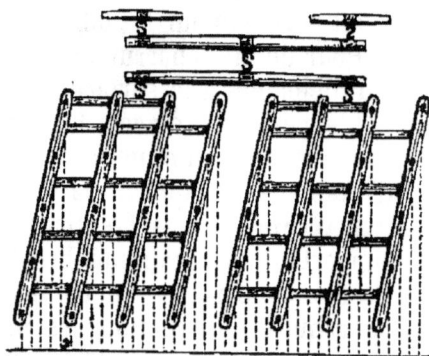

Fig. 6. — Herse Valcourt.

plus ou moins les raies. Ordinairement le point de tirage se place au sommet de l'un des angles antérieurs. Lorsque les dents de cette herse sont courbées en avant, elles produisent un sautillement qui contribue beaucoup à briser les mottes et à égaliser le sol.

Rouleau. — Les rouleaux sont construits en bois, en pierre ou en fonte; ils ont une surface unie, cannelée ou semée d'aspérités.

Les rouleaux destinés à effectuer les plombages ont la surface unie, et ils doivent être d'autant plus lourds que la légèreté et la porosité du sol sont plus grandes. Les rouleaux destinés à briser les mottes ont, au contraire, la surface raboteuse.

Il est facile de comprendre qu'à poids égal les rouleaux ont une action d'autant plus énergique qu'ils portent sur un moins grand nombre de points de la surface du sol.

Les rouleaux articulés ne diffèrent des rouleaux ordinaires que parce qu'ils sont formés de pièces distinctes, indépendantes, quoique tournant sur le même axe.

Houe à cheval. — Cet instrument se compose en général d'un châssis triangulaire, auquel sont adaptés, en avant, un soc en fer de lance, et, en arrière, des coutres, les uns verticaux.

2.

les autres horizontaux, pour fendre la croûte du sol dans les deux sens et couper les racines des mauvaises herbes. Une roue ou un sabot remplace l'avant-train et supporte la partie antérieure de l'instrument qu'on dirige, comme une charrue, avec deux mancherons.

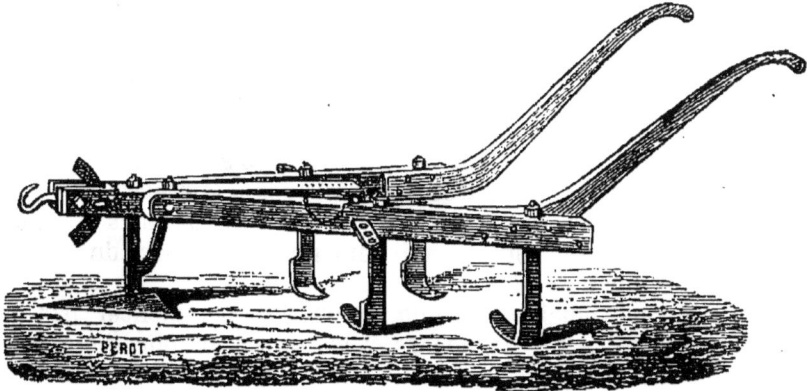

Fig. 7. — Houe à cheval.

Buttoir. — Le buttoir est une sorte de petite charrue sans avant-train ni coutre, et munie d'un double soc et d'un double versoir dont les ailes peuvent s'écarter ou se rapprocher à volonté.

La manœuvre de cet instrument est la même que celle de la houe à cheval.

Le buttoir est fort utile pour butter les pommes de terre, maïs, etc.; il fait vite et bien un travail qui serait très-long, exécuté à bras d'homme. On peut l'employer aussi pour faire les labours en billons.

Semoir. — La forme des semoirs est très-variée. Le plus simple est le semoir à brouette, qu'on emploie plus particulièrement pour le semis des grosses graines, betteraves, pois, haricots, fèves, etc.

Ces instruments sont avantageux en ce qu'ils économisent la semence, la répartissent également et l'enfouissent à la profondeur la plus favorable à la germination.

Semailles. — L'homme récoltera comme il aura semé, dit l'Écriture sainte. La prospérité des récoltes dépend donc des soins intelligents apportés aux semailles. Le choix des semences réclame tout d'abord l'attention du cultivateur. Il ne devra choisir que des graines parfaites, provenant de végétaux bien développés, ayant atteint sur pied leur complète maturité, et exemptes de semences de mauvaises herbes. Si l'on ne peut récolter soi-même la graine, il faut la tirer de pays sains, moins fertiles, mais à peu près de même climat que celui où l'on cultive.

L'époque des semailles dépend de la nature de la plante, du climat, de l'exposition du terrain et de l'état atmosphérique. Cependant l'automne et le printemps sont les saisons des plus fortes semailles; c'est pour ce motif qu'on a divisé les semailles en *semailles d'automne ou d'hiver*, et *semailles de printemps* ou marsages.

Si l'on ne peut préciser le moment des semailles, il y a cependant pour chaque contrée des marques générales qui invitent le cultivateur à confier ses grains à la terre ; mais il sera toujours bon de se rappeler qu'il vaut mieux être hors du temps que de la température.

Pour les semailles d'automne, on doit commencer par ensemencer les terres argileuses et les terres les plus éloignées des bâtiments d'exploitation ; pour les semailles de printemps, c'est le contraire qui doit avoir lieu.

Dans les labours de semailles, les raies doivent être étroites, et la bande de terre retournée presque sur champ et jamais à plat.

On sème *à la volée*, ou *en lignes* avec le semoir.

La profondeur à laquelle doit être enterrée la graine dépend de son volume et de la nature du sol : plus la graine est fine, plus le terrain est compacte, moins on l'enterre profondément.

La quantité de semence est variable aussi: il en faut d'autant moins que le terrain est plus fertile et la semaille plus précoce ; il en faut davantage si l'on sème à la volée que si l'on sème en lignes.

Outre que les semis en lignes économisent la semence et qu'ils offrent plus de garantie de levée pour les graines, ils facilitent encore les travaux ultérieurs d'entretien (sarclage, binage, buttage), qu'ils permettent d'exécuter avec des instruments qui accélèrent le travail, et ils produisent des récoltes meilleures et plus abondantes.

Instruments de transports, véhicules : — Brouette. — Les qualités d'une bonne brouette sont d'être à la fois solide et légère, de pouvoir basculer facilement dans tous les sens, et de faire porter la plus grande partie de la charge sur la roue, à laquelle on donne la plus forte dimension possible.

Camion. — Les camions sont de petits tombereaux manœu-

vrés par deux hommes ; ils sont préférables à la brouette pour
les transports à une distance de 100 à 200 mètres.

Traîneau. — Dans les pays montagneux, on remplace la
brouette et le camion par de petits traîneaux munis latéralement
de ridelles ou de panneaux, et dont les parties qui glissent sur
le sol sont garnies de semelles en fer.

Hotte. — Les hottes sont formées de planches minces, assem-
blées comme les douves d'un tonneau, ou de tiges d'osier en-
trelacées comme dans les paniers. On a remarqué que l'osier
blanc, c'est-à-dire dépouillé de son écorce, dure plus longtemps
que l'osier brut.

Civière ou bayard. — Les civières se composent de deux
tiges en bois, reliées dans leur milieu par des traverses plus ou
moins espacées dont le nombre, ainsi que la longueur, varie
suivant les matériaux au transport desquelles on les destine.

Char, charrette, tombereau. — Les véhicules agricoles se
divisent en véhicules à deux roues : charrette, tombereau ; et en
véhicules à quatre roues : char, chariot. Les premiers jouissent
d'un mouvement de bascule qui les rend précieux surtout pour
opérer le déchargement ; ils font avec facilité les tournées et
les conversions, ce qui permet de leur donner des roues de
grand diamètre ; mais la charge doit y être répartie avec discernement, sinon il peut en résulter de graves inconvénients pour
l'attelage. Les seconds fatiguent moins les animaux attelés au
brancard ou au timon, parce que la charge est tout entière
supportée par les roues ; ils surmontent plus facilement les
obstacles, attendu que la pression se trouve divisée par le fait
du support imposé à chaque paire de roues, et, par ce motif, ils
dégradent moins les chemins. Le chargement y est aussi plus
facile à opérer, car on a moins à se préoccuper d'équilibrer la
charge ; mais le frottement de quatre roues occasionne plus de
traction.

Dans la charrette agricole perfectionnée, les brancards sont
indépendants, ce qui permet d'utiliser le mouvement de bascule
si avantageux dans le tombereau.

Les véhicules doivent toujours être tenus en bon état et
prêts à servir. Il vaut mieux les remiser, toutes les fois qu'ils
ne servent pas, que de les laisser exposés aux intempéries. Pendant les grandes chaleurs de l'été, il est prudent de couvrir les
moyeux avec des paillassons pour les empêcher de se fendre,
et, pendant les fortes gelées, de frapper les bouts de l'essieu
pour en prévenir la rupture.

Toutes les parties d'un véhicule doivent offrir des garanties de solidité ; mais ce sont principalement les roues qui redoutent les vices de construction. Une bonne roue doit être solide et difficile à se rompre, et dégradant peu les chemins. Il faut choisir pour le moyeu un bois à tissu serré, par exemple, des souches de noyer, de frêne ou d'orme ; et, pour les rayons ou rais, un bois filandreux et sans nœuds, tel que le chêne ou l'orme. Les rais doivent être assemblés perpendiculairement à la surface et non point à l'axe du moyeu. Pour adoucir le frottement du moyeu contre l'essieu, on ne forme pas ces deux pièces avec la même matière.

CHAPITRE V

Manière dont les plantes se comportent avec le sol. — Classement des plantes cultivées. — Assolement. — Considérations qui peuvent influer sur le choix d'un mode d'assolement. — Divers modes d'assolement. — Comptabilité agricole.

Manière dont les plantes se comportent avec le sol. — La fécondité du sol s'épuise bien vite, lorsqu'on lui demande sans interruption les mêmes produits. Cependant toutes les plantes n'effritent pas la terre avec la même rapidité ; il en est qui peuvent occuper longtemps la même place sans que la fertilité du sol paraisse en souffrir. Mais l'expérience a démontré que les végétaux de la même famille réussissent d'autant mieux qu'ils sont plus longtemps avant de reparaître sur le même terrain.

En général, ils doivent en rester éloignés un temps égal à celui qu'ils emploient pour accomplir toutes les phases de leur existence. Certaines plantes, comme les choux, le chanvre, aiment à végéter dans une fumure récente ; tandis que les céréales, les racines surtout, préfèrent un sol fumé une année auparavant.

Chaque espèce de plante puise dans la terre les principes nourriciers qui lui sont propres : qui à la surface, comme les plantes à racines traçantes ; qui dans les couches inférieures, comme les plantes à racines pivotantes. Les unes s'opposent à la croissance des mauvaises herbes, soit par l'ombrage épais qu'elles produisent, soit par les façons de culture qu'elles réclament ; d'autres laissent le terrain se salir de plantes adventices, par suite de la rareté ou de l'exiguïté de leurs feuilles, qui permet aux rayons de lumière d'arriver jusqu'au sol.

Classement des plantes cultivées. — Toutes les plantes

cultivées peuvent être rangées en deux classes : *plantes amélio-rantes* et *plantes épuisantes*.

Les plantes améliorantes sont celles qui se nourrissent plus aux dépens de l'atmosphère qu'aux dépens du sol, et qui pré-servent ce dernier contre l'envahissement des herbes parasites. De ce nombre sont : le trèfle, la luzerne, le sainfoin, les légumi-neuses, quand on ne laisse pas mûrir les graines et les récoltes sarclées.

Les plantes épuisantes, au contraire, vivent plus aux dépens du sol qu'aux dépens de l'atmosphère, et ne s'opposent point à la végétation des mauvaises herbes : ainsi les céréales, le chanvre, le lin, le colza, et en général tous les végétaux dont les feuilles sont rares ou grêles.

Assolement. — On appelle *assolement* la succession des ré-coltes qui occupent le même terrain pendant un laps de temps déterminé, après lequel ces récoltes se reproduisent dans le même ordre.

L'art des assolements repose sur les principes suivants, énu-mérés d'après M. Victor Rendu :

1° Approprier les récoltes à la nature du climat et du sol, ainsi qu'aux ressources dont on dispose ;

2° Alterner les récoltes, de manière que celles qui précèdent assurent le succès de celles qui doivent suivre ; pour cela, reculer, le plus possible, le retour sur le même champ des végétaux de même famille, genre et espèce, ou qui se cultivent de la même manière ;

3° Laisser le terrain nu le moins longtemps possible ;

4° Entre deux récoltes épuisantes, placer une ou plusieurs récoltes améliorantes ;

5° Substituer aux récoltes qui salissent le terrain, des plantes qui l'ombragent fortement, ou qui demandent des binages ou des sarclages répétés ;

6° Semer les plantes à fourrage dans la céréale qui suit im-médiatement la récolte sarclée et fumée ;

7° Réserver le fumier frais pour les récoltes sarclées ou fau-chées en vert, au lieu de l'appliquer directement aux céréales ;

8° Proportionner les récoltes qui ne rendent rien à la terre avec celles destinées à retourner au sol sous forme d'engrais ;

9° Disposer les récoltes de manière qu'il y ait le moins pos-sible de labours à donner au sol et de fumures à lui appliquer ;

10° Faire en sorte que le travail ne soit pas accumulé sur une seule saison ; qu'entre chaque semaille on ait le temps de donner au sol les préparations convenables, et qu'on puisse remplacer les récoltes qui viendraient à manquer.

Considérations qui peuvent influer sur le choix d'un mode d'assolement. — Outre la nature du sol et le climat, il est d'autres causes qui influent sur le choix d'un mode d'assolement, ce sont : l'*étendue* de la propriété, la *situation*, la *consommation locale*, les *moyens de travail*, la *facilité des transports*, les *prairies naturelles*, et la *quantité d'engrais* dont on dispose, enfin le *mode de jouissance*.

Divers modes d'assolement. — Dans les bons systèmes d'assolement, on a supprimé la jachère, qu'on remplace par des récoltes en lignes et sarclées avec soin. Ces assolements peuvent être de quatre, de cinq, de six ans, et même présenter une plus longue rotation.

L'assolement de quatre ans est celui que recommandent les agronomes. Alors on cultive, la première année, la pomme de terre, la betterave, le maïs ou le chanvre ; la deuxième année, des céréales dans lesquelles on sème un trèfle pour la troisième année, et la quatrième année des céréales.

On obtient ainsi, durant la rotation, deux récoltes de céréales, une récolte de fourrage et une récolte sarclée, dont le tout ou une partie peut servir à la nourriture du bétail. Mais l'on doit se garder de passer brusquement à ce mode de culture ; car, dans les premières années, si l'on n'avait point à sa disposition une étendue suffisante de prairies naturelles, on pourrait essuyer de fâcheux mécomptes, par suite de l'achat des fourrages et des engrais, et des façons qu'exige la sole des cultures sarclées.

M. Dézéméris croit avoir trouvé le moyen de passer facilement, et avec peu de dépenses, de l'assolement biennal ou triennal à un assolement alterne sans jachère. Ce moyen consiste à faire produire à la sole destinée à la jachère plusieurs récoltes successives de fourrage à faucher en vert ; et voici comment cet agronome conseille de procéder :

Dans les premiers jours de mars, ou plus tôt si le temps le permet, on emploie le fumier disponible à fumer ce qu'on peut de la sole de jachère (supposons un quart), et à y semer, pour être consommé en vert, un mélange de seigle de printemps, d'orge céleste, de pois quarantains et de moutarde blanche. Huit à dix jours après, on répète la même opération sur un deuxième quart, et l'on continue de même pour l'ensemencement de tout le terrain qu'on aura pu fumer. Vers la fin de mai, le premier fourrage semé pourra être consommé ; on l'enlève et on porte de nouveau une fumure légère sur le sol qui l'a produit ; on laboure immédiatement et l'on sème un nouveau mélange de sarrasin, maïs quarantain, alpiste, pois quarantains, et cela à mesure que le sol devient libre.

On obtient ainsi beaucoup de fourrage; et ces récoltes vertes n'occupant le sol que pendant trois mois environ, permettent ensuite de donner à la terre les labours nécessaires pour la nettoyer des mauvaises herbes et la préparer convenablement pour les semailles du blé d'automne.

Quant au mélange de plantes conseillé par l'auteur, chacun peut le modifier suivant le terrain, le climat, les usages du pays. Il suffit de se rappeler que le mélange d'un grand nombre de plantes donne des récoltes plus fournies et plus abondantes que si l'on ne cultivait qu'une seule espèce, et qu'il importe de les laisser occuper le sol le moins de temps possible.

L'auteur de la Grammaire agricole conseille d'établir une sole dite de réserve, égale en étendue à l'une des soles de culture, et il indique dans le tableau suivant les résultats que pourrait donner un assolement de quatre ans :

ANNÉES.	SOLE N° 1.	SOLE N° 2.	SOLE N° 3.	SOLE N° 4.	SOLE N° 5.
1re année.	Chanvre ou Pommes de terre.	Blé.	Trèfle.	Blé.	Betterave.
2e —	Blé.	Trèfle.	Blé.	Chanvre ou Pommes de terre.	Maïs.
3e —	Trèfle.	Blé.	Chanvre ou Pommes de terre.	Blé.	Carotte.
4e —	Blé.	Chanvre ou Pommes de terre.	Blé.	Trèfle.	Poisette.

Comptabilité agricole. — Compter, c'est trouver le rapport entre l'effort et le résultat, c'est-à-dire, entre la cause et l'effet, entre la *dépense* et la *recette.* Celui qui ne compte pas, marche au hasard : avant, il ne sait pas s'il prend la meilleure route; après, il ignore s'il l'a prise.

Il importe donc que le cultivateur, par la tenue de livres ou de notes, se rende compte de ce qu'il fait, de ce qu'il dépense, de ce qu'il gagne ou de ce qu'il perd. Quant au mode de comptabilité, il varie suivant l'aptitude du cultivateur et l'importance de l'exploitation.

Voici une méthode très-simple et très-facile, conseillée par M. Paganon, président de la société d'agriculture de Grenoble :

« Le cultivateur notera d'abord l'étendue totale de son terrain;
» il inscrira la superficie exacte de chaque pièce de terre; il
» portera à son avoir la valeur de ses bestiaux, de son mobilier,
» de ses attraits d'agriculture, de ses semences; puis il portera

» les produits divers au moment de la rentrée. A la dépense il
» portera son prix de ferme, ou le prix de location qu'il reti-
» rerait s'il avait loué ses terrains ; il portera les intérêts des
» capitaux avancés, du mobilier, des attraits d'agriculture, des
» fumiers ou pailles achetés ; il portera la dépréciation des ins-
» truments, et il notera les journées soldées.

» Un quart d'heure à peine chaque soir, et une heure le di-
manche suffisent pour la tenue de ces écritures.

» Au bout de l'année, il fera sa balance, et il saura où il en
» est. »

Mais si l'on veut se rendre un compte plus détaillé de ses opérations, savoir quel est le genre de culture qui donne le plus
grand bénéfice sur chacune des terres ; ou si l'on est à la tête
d'une grande exploitation, la comptabilité devient plus compli-
quée : elle a pour éléments essentiels l'*inventaire* et les *comptes
courants*.

CHAPITRE VI

Prairies : Prairies naturelles. Division des prairies naturelles. Choix des
plantes prairiales. Travaux préparatoires et ensemencement d'une
prairie. Soins d'entretien. Irrigation. Indices d'une bonne prairie.
Prairies artificielles : Luzerne, Lupuline, Sainfoin, Trèfles, Brôme
Schrader, Vesces, Gesses, Pois, Lentilles, Seigle, Maïs, Sorgho, Spergule, Serradelle. Fourrages verts formés de plantes mélangées.
Fenaison : Conservation du foin.

Prairies. — On désigne sous le nom de prairies les terrains
qui produisent l'herbe et les fourrages nécessaires à la nourriture des bestiaux.

Il y a deux sortes de prairies, les *prairies naturelles* et les
prairies artificielles.

Les prairies naturelles sont le résultat, soit d'une végétation
spontanée, soit d'un semis de plantes fourragères ; elles subsis-
tent pendant une série d'années plus ou moins longue.

Les prairies artificielles sont formées d'une seule espèce de
plantes fourragères, luzerne, sainfoin, trèfle, etc.

Prairies naturelles ou prés. — La permanence est le
caractère des prairies naturelles. Quoique les prés aient perdu
de leur importance depuis l'usage des prairies artificielles, ils
n'en sont pas moins toujours d'une grande utilité en agriculture ;
car leur rendement est assuré, bien qu'il puisse varier en plus

ou en moins, tandis que le produit des prairies artificielles est
fort éventuel.

Certains sols ne peuvent recevoir une autre destination. Ainsi
les terrains très-argileux ou sablonneux à l'excès, les terres trop
humides, sont impropres à toute autre culture ; les champs éloignés des bâtiments d'exploitation ne sauraient être utilisés plus
avantageusement.

Les prairies naturelles conviennent aussi très-bien aux terres
dont la pente est rapide et à celles qui sont exposées aux inon-
dations, parce que les gazons consolident puissamment les terrains qu'ils recouvrent, en liant leurs particules par de nombreuses racines, et en formant une surface souple et lisse, sur
laquelle l'eau coule sans faire de corrosion.

Les pâturages sont une ressource précieuse pour les contrées
pauvres et d'une faible population ; ils utilisent des fonds mauvais ou d'une grande médiocrité.

Division des prairies naturelles. — Les prairies naturelles se divisent en trois classes : *pâturages, prairies sèches* et
prairies arrosées.

Les pâturages ne fournissent pas habituellement une herbe
assez grande pour être fauchée. Ceux des montagnes élevées
produisent une nourriture aromatique, substantielle et fort
goûtée du bétail.

Les prairies sèches ne reçoivent que les eaux de pluie ; elles
produisent un foin de bonne qualité.

Les prairies arrosées peuvent être couvertes d'eau à volonté,
à l'aide de canaux et de rigoles établis à cette fin ; elles donnent
beaucoup plus de foin que les prairies sèches mais ce foin est
moins bon.

Choix des plantes prairiales. — On a reconnu que les
prés établis sans le concours de l'homme renferment un grand
nombre de plantes nuisibles ou inutiles. Il y a donc un choix à
faire dans les plantes prairiales pour la formation des prairies naturelles. Ce choix est déterminé par la nature du sol, la durée de
la prairie, le goût du bétail, l'abondance et la précocité des
produits, la permanence et les propriétés nutritives de chaque
espèce de plantes fourragères. Il faut aussi réunir, autant que
possible, des plantes qui arrivent à maturité dans le même
temps et dont le mélange produise un foin long et abondant :
on allie les graminées dont les tiges sont longues et grêles, avec
les légumineuses, dont les tiges, moins élevées, sont chargées
de feuilles plus larges et plus nombreuses. De plus la variété
des plantes alimentaires est conforme aux lois de l'hygiène.

Les plantes qu'on aime à voir en abondance dans une prairie sont : les trèfles, les vesces, les lotiers, le sainfoin, le mélilot, le vulpin et le pâturin des prés, l'agrostis, le dactyle pelotonné, l'avoine élevée, la fétuque flottante, l'ivraie, etc.

Voici le choix des plantes fourragères recommandé par la *Maison rustique*, d'après la nature du terrain :

Sur les terres fraîches et argileuses , les ivraies vivaces et d'Italie, la houque laineuse, le pâturin des prés, le vulpin des prés, la fétuque élevée et celle des prés, l'agrostis florin et l'agrostis d'Amérique, la fléole des prés, le phalaris roseau, les trèfles, les gesses, les lotiers, les luzernes, etc.

Sur les fonds sablonneux : les petits trèfles, la lupuline, la gesse chiche, le lotier corniculé, le fromental, la flouve odorante, la fétuque ovine, la fétuque traçante, le dactyle pelotonné, le ray-grass, l'avoine jaunâtre, le pâturin des prés, la cretelle, le brôme des prés, etc.

Sur des sols plus arides, une partie de ces mêmes plantes, la canche flexueuse, la fétuque rougeâtre, la mélique ciliée, la brize tremblante, l'élyme des sables, la petite pimprenelle, etc.

Sur les terres calcaires à l'excès : le brôme des prés, les fétuques ovine et traçante, la fétuque rouge, le dactyle pelotonné, le fromental, le ray-grass, le pâturin des prés , le pâturin à feuilles étroites, etc.

Travaux préparatoires et ensemencement d'une prairie. — Le sol destiné à recevoir une prairie doit être bien ameubli, purgé de racines et de semences de mauvaises herbes, nivelé soigneusement par des hersages, et épierré, s'il y a lieu, afin que la faux ne rencontre point d'obstacles lors de son passage pour la coupe des foins. Une culture sarclée prépare très-bien la terre à cet effet.

On sème la graine de foin, vulgairement appelée fenasse, dans une céréale d'automne ou de printemps, suivant le climat, le sol et la rusticité des plantes.

On sème d'abord la céréale , on herse et l'on roule ; puis on procède au semis de la fenasse, en commençant par les plus grosses graines, que l'on enterre avant de semer les graines fines, qui veulent être moins recouvertes. On répand ensuite un engrais pulvérulent sur tout le sol ensemencé ; on donne un léger hersage et l'on passe le rouleau pour recouvrir les dernières graines semées et fixer l'engrais pulvérulent.

Soins d'entretien. — Le sarclage est le soin le plus important que réclame une prairie dans la première année de sa formation. Plus tard on a à combattre les ravages des taupes et des fourmis, et l'envahissement de la mousse, l'ennemi le plus redoutable des prairies sèches; on doit s'opposer énergiquement à la croissance des plantes aquatiques acides dans les prairies arrosées. Les taupinières et les fourmilières doivent être étendues deux fois par an.

Pour opérer la destruction des taupes, on place dans leurs galeries des piéges ou des vers de terre trempés dans de l'eau bouillante, et roulés ensuite dans de la noix vomique pulvérisée.

Quelques-uns préconisent l'emploi de l'urine fraîche pour la destruction des fourmis.

Comme la mousse accuse ordinairement le dépérissement d'une prairie, on peut ranimer la végétation en la couvrant d'engrais à l'entrée de l'hiver. Le compost est l'engrais qui convient le mieux. Les fumiers pailleux étendus sur les prés ont l'inconvénient de servir d'asile à une multitude d'insectes et de rats, qu'ils protégent ainsi contre les frimas, et ils rendent très-impressionnables aux froids du printemps les plantes qu'ils ont garanties des rigueurs de l'hiver. Si la mousse persiste, on herse fortement au printemps et l'on répand à la volée sur la prairie, de la chaux, des cendres, et mieux encore de la suie. Mais si tous ces soins n'apportaient pas une amélioration sensible, il faudrait rompre la prairie et occuper le sol à d'autres cultures, sauf à le remettre plus tard en prairie.

Irrigation. — L'eau agit de plusieurs manières sur les prés : elle aide les feuilles mortes à pourrir et fabrique ainsi un engrais naturel; elle fond les sels de la terre, et, chargée de cette dissolution, elle pénètre par les racines dans le corps des plantes pour y former la séve; enfin, lorsque le soleil est si chaud que les feuilles se fanent et que les tiges s'affaissent, l'eau les rafraîchit et ranime leur vigueur.

Mais l'eau toute seule, toute pure, rafraîchit, désaltère et ne nourrit point. La meilleure eau d'irrigation est celle qui a roulé dans les rues des villes et des villages, ou sur des champs bien engraissés, et l'eau de source, qui ramène du sein de la terre toutes sortes de sels excellents.

Si l'eau est dépourvue de principes nourriciers, si elle a coulé longuement dans les bois ou qu'elle soit à une température trop basse, il faut, avant de l'employer à l'arrosage, la faire séjourner dans des réservoirs, où elle se charge d'éléments fécondants et perd son acidité, par son contact avec des engrais ou avec de la chaux, et s'élève à un degré de chaleur convenable par l'influence directe du soleil et de l'atmosphère.

On doit observer pour l'irrigation les deux préceptes suivants :

1° *Faire des rigoles assez rapprochées pour que l'eau puisse être souvent reprise et de nouveau répandue :*

2° *Couvrir d'une nappe d'eau courante toute la surface de la prairie et la sécher ensuite complétement.*

Si l'eau restait stagnante dans quelques parties, elle y ferait pousser des plantes aquatiques qui communiquent au foin une saveur désagréable. Une pente de 0m,05 par mètre est la plus favorable à une bonne irrigation. Lorsque dans le cours de l'irrigation, on voit apparaître une écume blanchâtre sur le terrain arrosé, c'est un indice que le séjour de l'eau a été trop prolongé et il faut se hâter de suspendre l'arrosage.

La glace est pernicieuse aux prairies. On doit avoir soin, quand on suspend l'arrosage en hiver, d'arrêter l'eau le matin, afin que, durant la journée, le sol puisse se ressuyer.

Au commencement du printemps, il est bon de passer le rouleau sur le gazon pour le rasseoir, et de donner ensuite un léger coup de herse pour conduire de l'air aux racines et ouvrir des passages à l'eau d'irrigation ; puis, quand la végétation se ranime, on donne l'eau pendant trois ou quatre jours, seulement durant le jour, parce que les nuits sont encore trop froides ; mais à mesure que la chaleur augmente et que les plantes ont plus de besoins, on laisse l'eau plus longtemps et on la donne même jour et nuit. Lorsque les graminées de la majeure partie du pré montrent leurs épis, on ne doit plus donner jusqu'à la fenaison qu'une nuit d'arrosage sur quatre. On cesse complétement d'irriguer quatre ou cinq jours avant la coupe du foin.

L'eau ne doit être remise que quelques jours après la fauchaison, afin de laisser à l'herbe coupée par la faux le temps de sécher la section. Alors on arrose pendant plusieurs nuits consécutives ; jamais le jour, parce que l'évaporation, toujours considérable dans les mois de juin et de juillet, occasionnerait sur le pré un froid nuisible à la végétation.

On peut, sitôt après la fenaison, faire pâturer la prairie ; on profite ainsi de l'herbe échappée à la faux, sans craindre que les pieds des animaux fassent des creux, puisqu'en juin et juillet les terrains sont durcis par la chaleur. Si le sol de la prairie est humide, on ne fera point pâturer.

Indices d'une bonne prairie. — « Le vert tendre est la nuance des meilleurs gazons, le vert noirâtre est celle des mauvais ; la bonne herbe est grasse et lente à sécher, la mauvaise est dure, souvent cotonneuse et se fane rapidement ; un bon gazon est ferme sous le pied, un gazon médiocre fléchit aisément ; livrées au pâturage, les bonnes prairies sont tondues de très-près, tandis que les mauvaises présentent toujours des plantes d'une certaine hauteur, auxquelles les animaux ne touchent qu'à regret. » (Louis Gossin.)

Prairies artificielles. — Les prairies artificielles ont pour avantages de procurer, à surface égale, au moins un tiers de fourrage en plus que les meilleures prairies naturelles ; de préparer le sol à recevoir avec succès la culture des céréales ou d'autres plantes d'économie rurale ; et d'augmenter la masse des engrais par la possibilité qu'elles offrent de pratiquer la stabulation permanente.

Le caractère de ces prairies est d'être temporaire. Elles remplacent la jachère, qui coûtait beaucoup de façons et ne produisait rien par elle-même, et elles donnent des résultats de fertilité et de propreté du sol qu'on n'obtenait pas de la jachère.

Les prairies artificielles se sèment au printemps ou à l'automne, suivant le climat, dans une céréale préparée par un labour profond. Quelquefois on opère ensemble les deux semis, d'autrefois on attend que cette dernière soit levée. On peut encore semer au printemps dans une céréale d'automne, après un hersage.

Il est plus avantageux de semer épais qu'avec trop de parcimonie, par la raison que les plantes, poussant moins grosses et plus touffues, se fanent promptement lorsqu'elles sont coupées, ne deviennent jamais trop dures, s'opposent dès la première année à la croissance des plantes adventices (ce qui épargne un sarclage), et conservent dans le sol une humidité précieuse. Dans les terres fortes, on ne saurait mettre trop de soin à recouvrir la semence, car de là vient le succès. Il est aussi avantageux de plâtrer au moment de la semaille, dans la proportion d'un hectolitre par hectare, et de renouveler cette opération au printemps, chaque année, si le sol est tout à fait dépourvu de calcaire, et tous les deux ans, dans le cas contraire.

Luzerne. — La luzerne demande un sol meuble, profond et chaud, et un sous-sol perméable ; elle exige un terrain défoncé profondément et nettoyé de mauvaises herbes.

On la sème le plus ordinairement au printemps, sitôt qu'on n'a plus de gelée tardive à craindre.

Si l'on veut obtenir une coupe de fourrage dès la première année, il convient, dans les terres fortes, de remplacer un dixième de la semence de luzerne par une même quantité de graines de trèfle ; et, dans les terrains calcaires, d'adjoindre à la semence de luzerne de la graine de sainfoin, dans la proportion d'un hectolitre par hectare.

Le trèfle et le sainfoin s'opposent au développement des mauvaises herbes, et ils disparaissent à mesure que la luzerne s'empare du sol.

Dans un terrain qui lui plaît, la luzerne peut durer de douze à quinze ans, sans autres soins que deux hersages : l'un à l'automne, après l'enlèvement de la dernière coupe ; l'autre au printemps, avant la végétation. Le premier est suivi de l'expansion d'un engrais pulvérulent ou d'un compost ; le second, d'un plâtrage ou d'une expansion de cendres ou de charrée.

On récolte la graine sur la deuxième coupe de la dernière année. La bonne graine de luzerne est luisante et d'un beau jaune.

L'ennemi le plus redoutable de la luzerne est la cuscute, plante grimpante, également funeste au trèfle et au sainfoin. On la détruit par l'emploi de la colombine ou de la suie, répandue avec abondance ; par l'incinération ou l'arrachage des plantes infestées ; et par l'arrosage avec un liquide formé d'une partie de sulfate de fer dissoute dans dix parties d'eau.

Lupuline. — La lupuline, dite aussi minette dorée ou trèfle jaune, réussit sur les sols médiocres et très-légers, dans lesquels ne viendrait pas le trèfle ; mais c'est dans les terres de consistance moyenne qu'elle donne les plus beaux produits. Elle aime un climat tempéré, plutôt froid que chaud. On la sème au printemps.

Les moutons la recherchent ; aussi l'emploie-t-on à faire des pâturages pour ces animaux.

C'est aussi comme pâturage qu'elle offre le plus d'avantages, parce qu'elle repousse sans cesse sous la dent du bétail, et qu'elle ne fournit pas ordinairement une grande abondance de foin.

Sainfoin. — Le sainfoin prospère merveilleusement dans les bonnes terres calcaires et dans les terres franches ; il vient aussi dans les terrains pierreux ou sableux, de nature calcaire, mais il y dure peu. Il exige impérieusement un sous-sol perméable, à moins que le sol n'ait une grande profondeur.

Cette plante est précieuse pour les terrains en pente, dont elle fixe le sol.

On sème le sainfoin à l'automne, car il ne redoute ni le

froid, ni les mouvements imprimés à la surface du sol par les alternatives de la gelée et du dégel.

La première année, il donne une coupe avantageuse; et, les années suivantes, il donne, en outre des coupes, un bon pâturage pour les bêtes bovines. Ce pâturage ne doit être livré aux moutons que dans le courant d'octobre, afin d'éviter les dégâts qu'aurait occasionnés plus tôt le mode de dépaissance des bêtes à laine.

Chaque année, au printemps, on donne un hersage énergique et l'on amende avec du plâtre.

Ainsi cultivé, le sainfoin peut durer de dix à douze ans. Il produit un fourrage excellent, recherché de tous les bestiaux, et qui peut être consommé même avant d'avoir jeté son feu, car il n'expose pas à la météorisation.

On récolte la graine sur les plus belles plantes des prairies qu'on va rompre, ou sur les prairies de deuxième année.

Comme la maturité n'est pas uniforme pour la même plante, on attend, pour faucher le sainfoin de semence, que les graines du sommet des tiges soient généralement mûres.

Trèfle. — Il y a plusieurs espèces de trèfle : le *trèfle violet* ou commun, le *trèfle farouche* ou incarnat, et le *trèfle blanc* ou rampant.

Le trèfle violet se plaît dans les terrains frais et profonds; il végète mal dans les terres fortes, à moins qu'elles ne soient assez ameublies pour que ses racines puissent se développer sans trop de résistance, mais il ne vient point dans les sols très-légers.

On le sème au printemps, quelquefois à l'automne, et on l'enterre par un hersage léger ou par un simple roulage.

Si, au moment de la moisson, le trèfle avait un développement convenable, on couperait la céréale très-haut; quelques jours après, le trèfle ayant pris encore de la croissance, on faucherait le chaume; ce qui procurerait un mélange de trèfle et de paille estimé comme un excellent fourrage.

Le plâtrage est indispensable au printemps de la seconde année. Si l'on prévoyait de ne pouvoir plâtrer, on répandrait sur le trèfle, au commencement de l'hiver, un des engrais recommandés pour les prairies naturelles.

La seconde année, le trèfle fournit ordinairement deux coupes de fourrage et une troisième coupe qu'on enterre pour servir d'engrais.

Bien que le trèfle violet soit une plante améliorante des plus précieuses, il n'aime pas à reparaître sur le même champ à des intervalles trop rapprochés. On conseille de ne le ramener sur la même terre que tous les six ans, sous peine d'effritement du sol.

Le trèfle farouche vient sur toutes les terres à froment ou à seigle, pourvu qu'elles ne soient pas trop calcaires et qu'elles ne soient pas sensibles aux influences de la gelée et du dégel.

Pour que la culture de ce trèfle soit avantageuse, il faut le prendre en récolte dérobée. Alors on le sème au commencement d'août, sur un chaume préparé par un labour léger, et on le coupe dans les premiers jours de mai.

Il ne donne qu'une coupe, mais le terrain qui l'a produit peut recevoir ensuite une culture de maïs ou de pommes de terre.

Le trèfle blanc ou rampant s'emploie principalement dans les prairies naturelles.

Brôme Schrader. — Le brôme aime les terres franches où se plairait la luzerne ; il réussit mal dans les sols médiocres, et point du tout dans les terrains marécageux ou tourbeux.

On le sème au mois d'avril, quand les gelées ne sont plus à craindre, dans la proportion de deux hectolitres et demi par hectare. Il vaut mieux le semer seul que de le semer dans une céréale.

La première année, il donne une bonne coupe, et deux coupes chacune des années suivantes.

Quoique le brôme puisse durer plus longtemps, il est avantageux de le laisser occuper, pendant trois années seulement le même terrain.

Cette plante est précieuse par son produit, par la bonté de son fourrage, qui plaît à tous les bestiaux, et par la propriété dont elle jouit, de pouvoir, sans subir une grande dépréciation, être fauchée 15 jours, même un mois plus tard que l'époque de la fenaison. Alors elle est chargée d'une grande quantité de graines, qu'on emploie utilement à l'alimentation des moutons.

Vesces, gesses, pois, lentilles. — Les vesces, les gesses, les pois gris, les lentilles, donnent des produits moins importants et moins lucratifs que la luzerne et le trèfle. Néanmoins ces plantes sont précieuses en ce qu'elles peuvent prospérer dans un terrain qui ne conviendrait ni à la luzerne ni au trèfle, et qu'elles offrent le moyen de retarder l'apparition de la même plante fourragère sur le même champ.

On les sème au printemps ou à l'automne. Les semis de printemps réclament un terrain plus frais que les semis d'automne.

Elles sont cultivées pour fourrage vert ou pour fourrage sec, et aussi pour la graine. Dans tous les cas, il est avantageux de remplacer un quart de la semence de ces plantes par une pareille quantité de seigle, d'orge ou de féveroles, suivant le terrain et l'époque de la semaille.

Lorsqu'on veut les faire consommer en vert, on les coupe au commencement de la floraison. Si on les destine pour fourrage sec, on récolte lors de l'épanouissement des dernières fleurs. Cultivées pour la graine, on fauche ces plantes, lorsque la moitié des gousses est arrivée à maturité; la paille donne encore un fourrage nutritif.

Ces plantes peuvent réussir sans engrais; elles fertilisent même le sol qui les nourrit, surtout si l'on a soin de le labourer aussitôt après leur enlèvement. Mais si le terrain est pauvre et qu'une céréale doive leur succéder, il est avantageux de fumer pour les plantes fourragères, qui donneront ainsi des produits plus abondants, tout en laissant à la terre la presque totalité de l'engrais dans un état plus favorable à la céréale que si on lui eût appliqué directement la fumure.

Seigle. — Le seigle aime les terres légères, bien ameublies, mais un peu rassises. On ne cultive guère pour fourrage que le seigle d'hiver, qu'on sème en automne pour le livrer au bétail de bonne heure, au printemps; et le seigle multicaule ou *seigle de la Saint-Jean*, ainsi nommé parce qu'il talle beaucoup et qu'on le sème dans les derniers jours du mois de juin ou dans les premiers jours de juillet. Ce dernier se fauche en automne; ensuite, on peut le faire pâturer jusqu'à la fin de l'hiver; au printemps on le laisse monter pour en récolter le grain au temps de la moisson.

La précocité du seigle, sa facilité à végéter dans les terrains arides, en font une des plantes fourragères les plus précieuses pour être consommées en vert. Et cependant, si l'on considère le peu d'extension qu'on donne à la culture de cette céréale, comme fourrage, il semble que ces avantages soient méconnus ou ne soient que médiocrement appréciés de la plus grande partie des cultivateurs.

Maïs (fourrage). — Le maïs réussit dans toute espèce de terre, pourvu qu'elle soit meuble et bien fumée.

On le sème d'avril en juin, à la volée ou en lignes, en ayant soin de ne pas enfouir la graine à plus de trois à cinq centimètres de profondeur.

Si l'on ne fait pas usage du semoir, le semis en lignes s'effectue en laissant tomber dans la raie ouverte par la charrue, les grains un à un, à trois ou quatre centimètres de distance; on espace les lignes de 0^m,50 à 0^m,80 ; suivant la variété cultivée. Par ce procédé, il y a économie de semence et l'on obtient une récolte de fourrage au moins double de celle qu'on aurait eue en semant à la volée; mais il faut donner au maïs les mêmes façons que si on le cultivait pour le grain. Le champ destiné à cette récolte doit être ensemencé d'après le système Dézéméris.

On commence à couper le maïs dès que les fleurs mâles montrent leurs panicules.

Les feuilles qui enveloppent les épis du maïs cultivé pour le grain, sont fort goûtées du bétail; fraîches, on les lui donne sans apprêt; desséchées, on les asperge auparavant d'eau salée pour leur rendre quelque saveur. Les râfles mêmes, au dire de Sprengel, sont un bon fourrage ; elles contiennent 70 pour cent de parties nutritives. Avant de les livrer aux animaux, on les concasse, puis on les laisse tremper dans de l'eau salée jusqu'à ce qu'elles soient ramollies, et on les donne en pâture encore humides.

Le maïs vert convient à tous les bestiaux; les bœufs et les vaches en sont particulièrement avides : chez les vaches laitières il augmente la production du lait, auquel il donne un goût exquis. Mais ce fourrage est peu nourrissant et renferme beaucoup d'eau de végétation. Il est donc prudent de pas le faire servir exclusivement à l'alimentation ; il est même avantageux de remplacer un tiers de la ration complète de maïs par son équivalent d'un autre fourrage sec ou de grains.

Sorgho. — Le sorgho se cultive comme le maïs. On le récolte avant que ses tiges deviennent dures, soit pour le faire consommer en vert, soit pour le convertir en fourrage sec. Il est plus nourrissant que le maïs et il jouit des mêmes propriétés lactifères.

Le sorgho est la plus productive des plantes fourragères : il donne parfois jusqu'à trois coupes; les animaux de la race bovine en sont friands.

Moutarde blanche. — La moutarde blanche peut prospérer dans des terrains de qualité médiocre, mais bien ameublis, dans les terres sablonneuses et autres sols légers.

On la sème de février en août et on l'enterre par un léger hersage. La moutarde blanche croît très-rapidement, donne quelquefois deux coupes, que l'on fait consommer en vert, vu la difficulté de dessécher ce fourrage, et fournit à l'arrière-saison un excellent pâturage pour les bêtes à cornes.

On la cultive aussi pour engrais vert.

Cette plante est désignée parfois sous le nom d'*herbe au beurre*, parce qu'elle augmente la quantité et la qualité du lait des vaches.

Spergule. — La spergule demande un climat tempéré et une terre fraîche, sableuse ou sablo-argileuse. Dans les terrains arides, elle s'élève si peu, qu'il est impossible de la faucher; mais elle y forme d'excellents pâturages, qui préparent le sol à recevoir une récolte de céréales.

On la sème en mars ou en août, à la suite d'un labour superficiel et d'un hersage qui a amené l'ameublissement complet et le nivellement du sol. On sème très-épais, parce que la spergule ne talle point, et l'on passe un léger rouleau pour attacher la graine au sol, ce qui suffit à assurer la germination de cette plante.

La spergule est d'autant plus précieuse qu'elle vient sans engrais et que sa végétation est très-rapide : soixante jours suffisent pour l'accomplir. On la fait consommer en vert ou on la fane pour fourrage sec. La spergule donne au lait et au beurre un goût délicieux et caractéristique.

Serradelle. — « La serradelle se plaît dans les terrains siliceux récemment défrichés; les terres les plus maigres semblent être celles où elle prospère le mieux; dans un sol fort, contenant trop peu de silice et trop d'argile, elle ne réussit que médiocrement.

On la sème très-clair et presque sans engrais, d'avril en mai, pour la récolter en octobre.

Cette plante est essentiellement remontante, c'est-à-dire que le sommet de ses tiges continue à se ramifier et à fleurir, alors que la base est chargée de graines mûres, qui se ressèment d'elles-mêmes en tombant à terre. La quantité prodigieuse de graines à tous les degrés de maturité, dont elle est chargée au moment où l'on fauche ses tiges, quand la partie supérieure est encore en pleine floraison, donne à la serradelle des propriétés nourrissantes extraordinaires. »

« Comme fourrage vert, elle est sans rivale : comme fourrage sec, l'époque tardive à laquelle on la fauche en rend la dessiccation complète assez difficile ; on la fait sécher en la stratifiant en plein air, mélangée avec de la paille d'avoine ; ce mélange haché constitue un excellent fourrage sec pour l'hivernage des bœufs de trait et des chevaux. (Extrait du *Dictionnaire universel de la vie pratique.*)

Fourrages verts formés de plantes mélangées. — Les mélanges de plantes fourragères à consommer en vert sont ordinairement formés avec le trèfle incarnat, les pois, les féverolles, les vesces, les gesses, la spergule, le seigle, l'orge, le sarrasin et le maïs.

Il n'est point nécessaire de comprendre toutes ces plantes dans le même mélange, mais on doit toujours allier aux légumineuses des graminées qui les soutiennent.

L'ensemencement se pratique d'après le système Dézéméris, en ayant soin de semer séparément les graines de même volume, à commencer par les plus grosses.

Fenaison. — Le temps de couper les foins est venu pour les prairies naturelles, lorsque les graminées de ces prairies sont en pleine fleur ; et pour les prairies artificielles, lorsque les fleurs commencent à tomber. La faux est l'instrument le plus généralement usité pour le fauchage.

On l'affile par le battage au marteau sur une enclume portative. Si la lame est défectueuse, il convient de marquer les endroits mous et les endroits durs ; car, en battant, on doit mouiller à l'eau les places molles, tandis qu'on bat à sec les places dures. On enlève le morfil et l'on aiguise la faux avec un grès qu'on trempe dans une eau contenant de 1/10 à 1/16 d'acide sulfurique. Depuis peu, on préconise la méthode d'affilage avec une simple lime dite tire-points.

Le tranchant de la faux doit être court pour les herbes fortes, fin et bien affilé pour les herbes fines.

Il faut avoir soin de couper l'herbe le plus près possible du sol, d'abord parce que les trois premiers centimètres de la tige fournissent davantage et de meilleur foin que les neuf derniers centimètres, ensuite parce que les tronçons des herbes coupées se durcissent et rendent plus difficile la récolte intelligente des coupes postérieures.

Le fanage doit s'opérer de manière à obtenir une prompte dessiccation, tout en conservant le plus possible de feuilles adhérentes aux tiges, et à laisser les plantes le moins possible exposées à l'action de la pluie et du soleil ; car la pluie et la rosée blanchissent le foin et lui enlèvent de ses qualités nutritives, et une trop longue et trop directe exposition au soleil rend le fourrage très-cassant, ce qui cause beaucoup de déchet et oblige à des soins minutieux de manipulation.

On fane le foin des prairies artificielles en retournant doucement les andains sans les éparpiller.

Une bonne méthode de fenaison doit se rapprocher du procédé suivi par les herboristes, qui dessèchent leurs plantes à l'ombre, à l'abri de l'humidité, pour conserver toutes leurs qualités.

Les méthodes les plus recommandées par les agronomes sont celle usitée dans le comté de Middlesex et celle de Klappmayer.

Dans la première on opère ainsi : Toute l'herbe fauchée le premier jour, avant neuf heures du matin, est étendue bien également, et retournée vers onze heures ou midi. Le soir, on la rassemble en andains, puis en petits tas, pour la soustraire à la rosée. Le lendemain, on commence le travail de fenaison en écartant l'herbe coupée la veille, après neuf heures, et celle fauchée avant neuf heures de la matinée actuelle, puis on démonte les petits tas qu'on étend sur un rayon de quelques mètres autour de chacun d'eux. Cela fait, on retourne l'herbe précédemment étendue, puis le foin de la veille. Dans l'après-midi, on ramasse en andains deux fois plus forts que ceux du jour précédent, et l'on charge pour la rentrée si le foin est suffisamment sec ; dans le cas contraire, on en formerait de gros tas. Ensuite on rassemble en andains ordinaires l'herbe coupée avant neuf heures du matin, puis on la met en petits tas. Le troisième jour et les jours suivants on opère de même.

Le trèfle, la luzerne, le sainfoin, redoutant les secousses de la fourche, qui dénudent leurs tiges, on les laisse sécher en andains tels que la faux les a formés, et alors qu'on étendrait le foin des prairies naturelles, on retourne avec le manche du râteau ou de la fourche les andains du trèfle, de la luzerne ou du sainfoin.

Par la méthode de Klappmayer, on entasse le foin humide ou l'herbe, en meules de 12 à 15 quintaux métriques ; on dresse soigneusement et l'on foule bien ces meules. La fermentation ne tarde pas à se produire, elle s'annonce par une odeur de miel. Lorsque la chaleur ne permet plus de tenir la main dans l'intérieur des meules, on se hâte de les démonter pour étendre et dissiper l'intensité de la chaleur qui consumerait le foin. La pluie ne saurait empêcher de démonter les meules. Quelques heures de soleil ou même de vent suffisent ensuite pour produire un fanage complet ; car ce qui est long à sécher dans les plantes, ce n'est point l'humidité de la rosée ou de la pluie, mais l'eau de végétation, la *séve*.

Le foin ainsi traité acquiert une couleur brune, mais il ne perd aucune de ses bonnes qualités.

Cette méthode est surtout avantageuse pour le fanage des prairies humides et quand la saison est pluvieuse.

Conservation du foin. — On conserve le foin sec dans des fenils, ou en meules dans des lieux élevés et point humides. On l'entasse régulièrement, lit par lit, afin d'établir dans toute la masse une fermentation lente et uniforme. Cette fermentation dégage une vapeur qui s'arrête à la surface du lit supérieur et y détermine une moisissure verte très-malsaine pour les animaux; ce foin moisi est connu sous le nom de foin *poudreux*. Un moyen de ne pas avoir de foin poudreux, c'est de recouvrir le foin entassé d'un lit de paille qui absorbe alors toute l'humidité.

Les prés marécageux ou humides donnent généralement un foin aigre, peu goûté du bétail. On peut corriger l'aigreur de ces foins en semant, lors de la rentrée, quelques poignées de sel de cuisine sur chaque couche de fourrage.

Si le foin ne se rentrait pas dans un état satisfaisant de dessiccation, il serait prudent de le stratifier avec de la paille, afin d'éviter une fermentation dont la violence pourrait enflammer le fourrage, ou déterminer une combustion lente qui en réduirait beaucoup le volume et surtout en altérerait la qualité.

CHAPITRE VII

Céréales : Blé ou Froment. Seigle. Méteil. Orge. Avoine. — Moisson. Battage ou dépiquage des grains. Conservation du blé. Blé de semence. Maïs. Millet. Sarrasin. — Maladies des céréales.

Céréales. — Sous le nom de céréales on désigne des plantes dont les grains, réduits en farine, peuvent servir à l'alimentation. Le nom de céréales dérive de Cérès, que l'antiquité païenne avait faite déesse des moissons. Les céréales le plus généralement cultivées dans l'est de la France sont : le froment ou blé, le seigle, l'orge, l'avoine, le maïs, le millet, et le sarrasin ou blé noir.

Froment ou blé. — Le blé forme deux classes bien distinctes : l'une à grains libres, désignée sous le nom de *froment;* l'autre à grains adhérents aux balles, désignée sous le nom d'*épeautre.*

Les variétés de froment sont fort nombreuses. On distingue

le blé tendre, le blé dur; le blé fin, le gros blé; le blé barbu, le blé sans barbes; le blé d'automne ou d'hiver et le blé de mars ou de printemps, appelé aussi blé trémois.

Le blé tendre a un grain dont la cassure est farineuse; il fait un pain très-blanc et fort léger, et il se plait dans les climats tempérés.

Dans le blé dur, la cassure du grain a l'apparence de la corne. Ce blé aime les pays chauds; il donne un pain moins blanc, moins léger, mais plus nourrissant que le blé tendre. C'est avec la farine du blé dur qu'on fabrique les diverses pâtes livrées au commerce.

Le blé fin est plus difficile sur le choix et la préparation du sol que le gros blé, mais il donne des produits plus délicats.

Quant aux autres variétés de froment, elles n'ont pas de caractère permanent, attendu que le climat, le mode de culture, le séjour plus ou moins long dans le même pays, peuvent en modifier ou changer complétement la nature.

Les blés semés en automne sont généralement plus productifs que les blés de printemps.

Au moyen d'un bon choix d'espèces, d'engrais et de cultures convenables, le blé vient dans tous les sols, excepté dans les terrains excessivement compactes ou très-légers; mais les terres qu'il aime le mieux sont les terres franches calcaires. Le champ qui lui est destiné doit être très-propre et bien ameubli.

Fig. 8.
Blé
commun.

Cependant, dans les terrains calcaires et dans les terrains exposés aux boursouflements causés par le froid, il n'est point nécessaire, pour les semailles d'automne, d'opérer le parfait ameublissement du sol. Les mottes de terre retiennent la neige que les vents auraient balayée; et, en se délitant au printemps, elles buttent les chaumes que les alternatives de chaud et de froid auraient déchaussés.

Les labours préparatoires à la culture du blé doivent avoir une profondeur moyenne; le labour de semaille doit être léger, afin de laisser rassise la couche inférieure.

On sème à la volée ou en lignes espacées de 0^{m}15 à 0^{m}25, et l'on recouvre la semence par un labour ou par un hersage; ensuite on pratique, s'il y a lieu, pour l'écoulement des eaux, des raies qu'on a soin de tenir toujours bien repurgées.

Au commencement du printemps, si la terre se trouve durcie, il faut herser les récoltes en blé, à moins qu'elles ne soient déchaussées; alors, au lieu de la herse, on passerait le rouleau.

Les blés de printemps doivent être semés le plus tôt possible, dans un sol mieux ameubli que pour les semailles d'automne.

Le froment veut être sarclé soigneusement. Des expériences comparées ont appris que cette récolte, nettoyée des mauvaises herbes avec la houe à main, donne des produits qui dédommagent amplement des frais du sarclage, que peuvent exécuter des femmes ou des enfants.

L'épeautre produit moins que le froment, mais il n'est pas difficile sur le choix du terrain et il résiste aux fortes gelées. Le grand épeautre peut être semé sur les montagnes aussi haut que le seigle. La farine de ce blé est d'une grande blancheur, mais le grain demande un soin particulier pour être moulu.

Seigle. — Le seigle aime les terrains légers, il réussit même dans les terres sableuses, supporte bien le froid, mais il craint l'humidité. On le sème à la volée dans une terre légèrement humide, parfaitement ameublie, poudreuse même, et qu'on a laissée se rasseoir, puis on l'enterre avec la herse. Les semailles d'automne doivent être faites de bonne heure.

On fait des raies d'écoulement pour dessécher le terrain, et l'on roule avant l'hiver pour favoriser le tallement de la céréale.

Au printemps, si le seigle est bien enraciné, on donne un coup de herse léger, mais si les racines sont dénudées on passe le rouleau.

Il existe plusieurs variétés de seigle, parmi lesquelles on remarque le seigle *multicaule* ou de la Saint-Jean, qui peut fournir en automne une récolte de fourrage, et donner l'année suivante une récolte en grains.

Méteil. — On appelle méteil un mélange de blé et de seigle formé en proportions variables, suivant la nature du sol qui doit le recevoir. Il réussit plus sûrement et donne des produits plus abondants que toute récolte pure de blé ou de seigle.

On le sème plus tôt qu'on ne sèmerait le froment pur, et dans le même temps qu'on fait les semailles de seigle.

Les travaux de préparation et d'entretien sont les mêmes que ceux prescrits pour le froment et pour le seigle.

Orge. — L'orge demande un sol riche, meuble, et qui conserve un peu d'humidité; elle vient aussi dans des terres moins fertiles, pourvu qu'elles aient une consistance moyenne, et elle

3.

est une ressource précieuse pour les terrains calcaires à l'excès.

On la sème ordinairement à la volée dans un sol parfaitement ameubli et propre. Les semailles d'automne s'effectuent de très-bonne heure, afin que la céréale puisse taller avant l'hiver et se fortifier contre les grands froids. Les semailles de printemps se font dès qu'on n'a plus de gelées à redouter et dans un terrain bien ressuyé. On enterre peu profondément avec la herse.

L'orge exige les mêmes travaux d'entretien que le froment.

On connaît plusieurs espèces d'orge : la grande orge à deux rangs, la petite orge à quatre rangs, l'orge nue à deux rangs, et l'orge nue à six rangs, qu'on appelle aussi orge céleste.

Parmi les variétés de printemps, on distingue l'orge Chevalier, qui est la plus productive des espèces à deux rangs, et l'orge Nampto, originaire de l'Asie, dont le rendement est de beaucoup supérieur à celui de toutes les autres variétés, lorsqu'elle est cultivée en lignes.

Avoine. — L'avoine réussit dans tous les terrains qui conservent de l'humidité. Elle n'exige pas un sol aussi ameubli que les autres céréales, mais elle craint les froids rigoureux et les alternatives de gelée et de dégel.

C'est la céréale la plus avantageuse à cultiver à la suite d'un défrichement et dans les étangs nouvellement rendus à la culture.

On sème à la volée en février ou mars, et l'on enterre le grain à une profondeur de 0^m05 à 0^m10, pour éviter le déchaussement. Dans les terres légères, on sème sous raies.

Les labours préparatoires sont faits avant l'hiver. Un hersage est nécessaire lorsque les mauvaises herbes commencent à paraître dans l'avoine.

Une des espèces les plus recommandables est l'avoine de Sibérie. Voici l'éloge qu'en fait M. Anselme Petetin : « Elle m'a donné constamment 27 pour 1. Gros et court, le grain pèse environ 50 kil. l'hectolitre. Les chevaux le recherchent avec avidité, et il produit en eux, avec les effets ordinaires de l'avoine, quelques-uns des effets de la farine d'orge. Très-précoce, cette avoine pousse très-vite et atteint une hauteur de plus de deux mètres. Grosse et tendre, sa tige peut servir avantageusement de fourrage vert hâtif.

Moisson. — Le temps de la moisson est venu pour les céréales destinées à l'alimentation, lorsque le grain n'étant plus en lait se laisse encore diviser aisément avec l'ongle, et que le chaume devenu blanc a encore les nœuds inférieurs verts.

Dans les exploitations considérables, on doit même devancer ce moment et commencer la moisson alors que le grain s'écrase entre les doigts et que la tige a encore une teinte verdâtre. Le blé mis en javelle y complète sa maturation plus lentement, il est vrai, mais plus avantageusement que s'il eût complétement mûri sur pied, et son grain donne moins de son et une farine plus blanche.

Fig. 9. Moissonneuse Mac-Cormick.

L'avoine surtout doit achever de mûrir ainsi, sous peine d'un déchet, considérable, causé par la facilité avec laquelle s'égrènent les épis de cette céréale.

La moisson se fait avec la faucille, la faux, la sape, ou avec des machines appelées moissonneuses, qui exécutent ce travail avec célérité.

La sape est une petite faulx munie d'un manche court. Elle est moins expéditive que la faulx, mais elle fait la besogne aussi bien et beaucoup plus rapidement que la faucille; elle convient particulièrement aux blés couchés.

Lorsque le blé coupé est sec, on réunit les javelles en gerbes, on engrange ou l'on met en gerbier. En entassant il faut avoir soin de bien fouler les gerbes, pour empêcher l'introduction des rats. Si la saison est pluvieuse, on ne doit pas laisser le blé en javelles parce qu'il germerait :

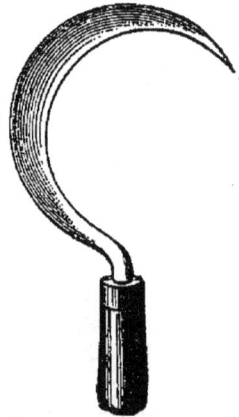

Fig. 10. — Faucille.

on le met en *moyettes*. Pour cela on prend un certain nombre de javelles équivalant à trois ou quatre gerbes; on les place debout, de manière à en former un faisceau qu'on lie à 0m20 ou 0ᵐ25 au-dessous des épis ; on ouvre ensuite ce faisceau par le bas pour lui donner du pied et faciliter à l'intérieur la circulation de l'air ; puis avec une gerbe liée très-près du pied, on coiffe la moyette de la même façon que l'on couvre une ruche d'abeilles, avec une chemise de paille.

Quand le blé est déjà ressuyé, on fait ainsi la moyette : on place à terre, en triangle ou en carré, trois ou quatre gerbes, la tête de chacune appuyée sur le pied de l'autre, afin que nul épi ne touche le sol. Sur cette base on dispose des javelles ou d'autres gerbes, circulairement, l'épi à l'intérieur ; on les croise peu à peu, de façon que le tas se termine par une pointe, sur laquelle on renverse une gerbe dont les brins sont étalés en manière de toit. Le blé ainsi disposé peut rester un temps assez long sans courir le moindre danger.

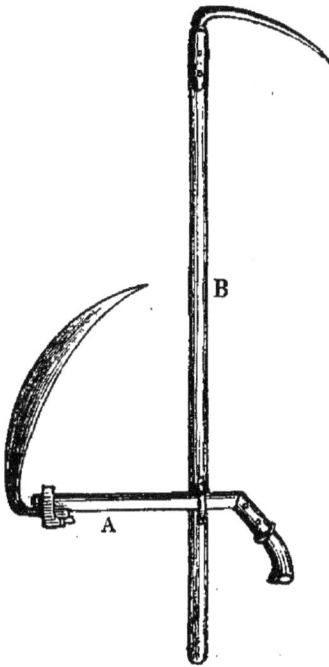

Fig. 11. — Sape.

Battage ou dépiquage des grains. — Le battage ou dépiquage des grains s'opère de plusieurs manières.

Le battage à la poignée est le plus favorable à la conservation du grain et de la paille, mais il est fort long. On ne l'emploie guère que pour les blés de semence.

On l'exécute en frappant les épis sur le rebord d'un tonneau défoncé d'un côté, ou sur l'arête latérale d'un plateau placé de champ.

Le battage au fléau est plus expéditif et jouit, mais à un degré moindre, des mêmes qualités protectrices du grain que le battage à la poignée.

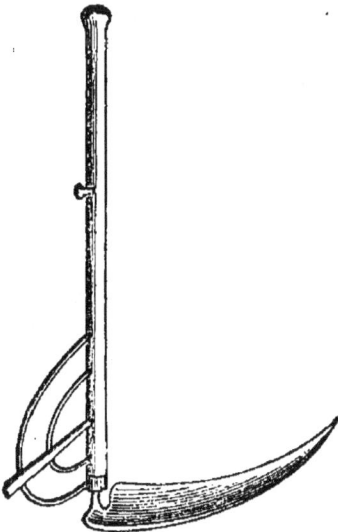

Fig. 12. — Faux à ployon.

Les batteuses et autres machines opèrent un battage moins parfait, mais incomparablement plus accéléré.

Le battage au fléau est le plus avantageux pour les petites exploitations, parce que les cultivateurs s'y livrent en hiver, alors que le manque d'occupations les expose aux dangers de l'oisiveté. Les déchets provenant de l'opération fournissent alors au bétail une nourriture qu'on eût moins appréciée en d'autres temps.

On nettoie les grains avec le van à main et le tarare ou grand van, et on les épure par le criblage.

Conservation du blé. — On étend dans les greniers, en couches minces, le blé nouvellement battu et on le remue souvent jusqu'à ce qu'il soit bien sec. Alors on l'entasse, mais on continue de le remuer de temps en temps.

Renfermé dans des caisses étroites empilées les unes sur les autres, ou dans des tonneaux dont on a enlevé un fond, ou dans des sacs, le blé se conserve très-bien, et n'est pas exposé aux dégâts des insectes.

Fig. 13. — Moyette flamande.

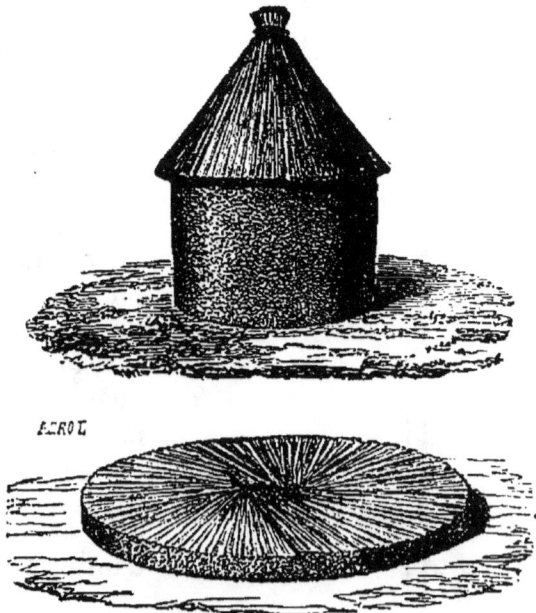

Fig. 14. — Moyette picarde.

Les rats et les charançons sont le fléau des greniers. Après les soins d'une grande propreté et la précaution de fermer les issues qui leur donneraient accès, l'emploi du chlorure de chaux est le moyen le plus efficace de se débarrasser des rats, des charançons et des autres insectes ennemis du blé.

Blé de semence. — Le blé de semence doit entièrement mûrir sur pied. On le moissonne avec la faucille ou la sape, pour qu'il s'égrène moins.

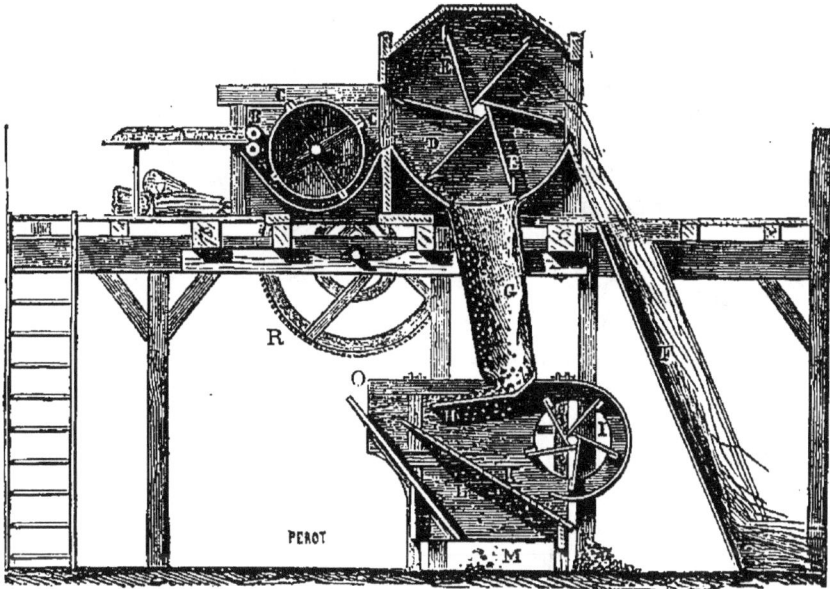

Fig. 15. — Batteuse.

Le lendemain du jour où il a été coupé, et avant que la rosée soit dissipée, on le met en gerbes et on le rentre immédiatement.

Si la quantité de blé est trop considérable pour que la rentrée puisse s'effectuer en une seule matinée, on suspend le travail dès que la chaleur du soleil fait entr'ouvrir les balles ; on l'ajourne au soir ou au lendemain matin.

On bat à la poignée ou au fléau, après avoir enlevé les mauvaises herbes qui pouvaient se trouver dans les gerbes. Le blé est ensuite vanné et criblé avec grand soin.

Maïs. — Le maïs aime un sol profond, d'une consistance moyenne et bien engraissé.

Le terrain qu'on lui destine doit être préparé en automne par des labours profonds, afin que les gelées détruisent les vers et les insectes avides de cette plante.

Quelques agronomes conseillent d'enterrer le fumier avant l'hiver ; d'autres disent qu'il est plus avantageux de ne l'enfouir qu'au moment de la semaille, par la raison que le maïs étant très-épuisant, et que le froment qui lui succède d'ordinaire ne s'accommodant point d'une fumure immédiate, il importe de laisser, dans le sol qui aura produit le maïs, assez d'engrais pour assurer la réussite du froment.

On sème le maïs en lignes espacées de 0^m60 à 0^m70, dès que les gelées ne sont plus à craindre. Pour en hâter la ger-

Fig. 16. — Maïs.

mination, on fait tremper les grains dans de l'eau tiède 24 heures avant de semer.

Si l'on ne fait pas usage du semoir, on répand dans chaque raie à ensemencer et à une profondeur de 0^m05 à 0^m10 deux ou trois grains à la fois, à une distance de 0^m25 à 0^m30.

On bine une ou deux fois, en prenant garde de ne pas introduire de la terre dans le cornet que présente la feuille supérieure.

On butte surtout à l'effet de favoriser la production des secondes racines qui naissent des premiers nœuds de la tige.

Lors du second binage, on éclaircit de manière que toutes les plantes de la même ligne soient espacées de 0^m25 à 0^m30.

Il faut ne laisser qu'un ou deux épis sur chaque pied et enlever avec soin les tiges secondaires qui se seraient développées autour de la tige principale.

Quand les panicules des fleurs mâles sont défleuries et que les houppes soyeuses des épis commencent à se faner, à noircir, on coupe, un nœud au-dessus du dernier épi conservé, la partie supérieure des plantes qu'on livre en pâture au bétail.

La récolte du maïs se fait lorsque les feuilles qui enveloppent l'épi sont devenues blanches et que le grain résiste à la pression de l'ongle.

Après avoir été cueillis, les épis doivent être dépouillés de leurs feuilles, moins deux ou trois qui serviront à les lier deux à deux.

Dans les années pluvieuses, ou si le maïs est tardif, on peut hâter la maturation en coupant, rez terre, lorsque les grains bien qu'étant encore laiteux, ont acquis tout leur volume, les tiges qu'on dispose en faisceaux comme les moyettes de froment. Le grain acquiert ainsi toute sa maturité et produit une farine plus délicate que s'il eût mûri sur pied. Mais il faut avoir soin de couper les tiges avant que la gelée ait interrompu la circulation de la séve.

On fait sécher les épis de maïs en les suspendant à des lattes dans des lieux abrités et bien aérés.

Cependant on peut en opérer plus promptement la dessiccation en les faisant séjourner 24 heures dans un four chauffé à une température plus élevée que celle nécessaire à la cuisson du pain. Alors on emplit le four, à moitié hauteur, d'épis entièrement effeuillés; au bout d'une heure, on les remue avec une pelle en fer; trois heures après on les remue encore. On pourrait se dispenser de les remuer, si l'on avait soin, un quart d'heure après les avoir enfournés, d'ouvrir le four pour laisser échapper la buée, et de l'ouvrir encore de demi-heure en demi-heure pendant 5 à 6 heures.

La farine du maïs desséché par ce procédé est plus savoureuse, mais le grain a perdu la faculté de germer.

On égrène le maïs à l'égrainoir mécanique, au fléau ou à la main, en frottant l'épi contre une lame de fer solidement assujettie.

Le maïs se conserve comme le blé.

Pour semence, on choisit les grains du milieu de l'épi.

Millet. — Le millet exige un sol plutôt léger que fort, bien engraissé, parfaitement ameubli et propre; il demande les mêmes travaux préparatoires que le maïs.

On le sème en avril ou en mai, à la volée ou en lignes espacées de 0m20 à 0m30; ce dernier mode est le plus avantageux. La semence doit être à peine recouverte et mise en terre par un beau temps : une pluie abondante avant sa germination l'exposerait à pourrir.

Il est nécessaire de sarcler le millet, et, s'il est cultivé en lignes, on se trouvera bien de le biner et même de le butter, après avoir éclairci de manière à laisser un intervalle de 0ᵐ,13 à 0ᵐ,16 entre les plantes d'une même ligne.

Lorsque la maturité est arrivée à un point convenable, on moissonne avec précaution, on engrange peu après, et l'on procède sans retard au battage. La paille est ensuite exposée au soleil jusqu'à dessiccation complète.

Sarrasin. — Le sarrasin ou *blé noir* est la richesse des terres pauvres, sablonneuses ou granitiques, dépourvues de calcaire.

On le sème à la volée dans les derniers jours de mai et dans le courant du mois de juin; on l'enterre à une profondeur de 0ᵐ02 à 0ᵐ03.

Comme sa tige se ramifie beaucoup et que sa végétation est rapide, le blé noir se défend bien contre l'invasion des mauvaises herbes. Sa floraison n'est point spontanée, mais elle s'opère en trois reprises successives.

Lorsque les grains noués les premiers sont noirs, et que ceux provenant des secondes fleurs, ayant pris une teinte rougeâtre, ne sont plus laiteux, il est temps de récolter le sarrasin. On coupe avec la faucille ou l'on arrache avec précaution, afin de ne pas égrainer.

Il ne faut pas javeler le sarrasin, mais on doit, à mesure de la récolte, en faire de petites gerbes que l'on met en lignes, debout, en les écartant par le pied, et qu'on laisse ainsi pendant une quinzaine de jours, pour que le grain achève de mûrir.

Le blé noir ne doit être ni engrangé ni mis en meules; on le bat immédiatement après l'avoir enlevé du champ, attendu que la tige et les feuilles restées vertes au moment de la moisson conservent longtemps encore une partie de leur eau de végétation.

Le battage se fait ordinairement avec le fléau.

Bien desséchée, la paille du sarrasin fournit une des meilleures litières.

Maladies des céréales. — Les principales maladies des céréales sont : le charbon, la carie, l'ergot et la rouille.

Le *charbon* ou nielle attaque le froment, l'avoine, l'orge et le millet.

Il saisit à la fois toutes les parties constituantes de l'épi, et ses ravages sont parfois si considérables, que les deux tiers de la récolte peuvent être anéantis.

Le chaulage des semences est un remède préventif contre le charbon; malheureusement il n'est pas toujours efficace. Un autre moyen plus sûr, c'est, pendant plusieurs années, d'occuper la terre infestée à des cultures autres que celle des graminées.

La *carie* sévit sur les mêmes céréales que le charbon.

Elle s'attaque principalement à la substance farineuse, qu'elle convertit en une poussière noire, semblable à de la suie; mais elle n'altère ni la forme ni l'enveloppe du grain. Cette poussière mêlée par le battage avec les grains sains, leur communique une teinte noire qui nuit à leur valeur commerciale.

Le meilleur préservatif de la carie, c'est de passer la semence au vitriol avant de la confier à la terre. Le vitriol étant un poison très-violent, il faut user de beaucoup de précaution dans son emploi.

L'*ergot* attaque surtout le seigle et le maïs. C'est un poison pour l'homme et certains animaux. Le peu de fertilité et un excès d'humidité peuvent déterminer cette maladie.

La *rouille* est le résultat d'une brusque transition de température, de la présence de brouillards épais auxquels succède un soleil brûlant, du voisinage des marais et de l'épine-vinette. Les semailles hâtives et épaisses, d'une végétation vigoureuse, sont moins sujettes à cette maladie.

La *verse* peut causer aussi de grands dommages aux récoltes en céréales. Elle se produit lorsque le chaume est trop faible pour résister au vent et à la pluie.

On prévient la verse par une culture intelligente : des semailles peu épaisses, la présence moins fréquente des graminées sur le même sol, le renouvellement judicieux des semences, la profondeur convenable des labours; et par l'application du fumier à la récolte qui précède la céréale, et non pas directement à la céréale.

CHAPITRE VIII

Plantes à tubercules: Pomme de terre, Topinambour, Betterave, Carotte, Navet, Rave, Rutabaga, Choix et Récolte des graines, Conservation des tubercules et des racines.

On appelle plantes à tubercules ou plantes *tubéreuses,* celles dont les parties souterraines, tiges ou racines, produisent des excroissances plus ou mois volumineuses, mais tout à fait distinctes de leurs supports.

Pomme de terre.—La pomme de terre vient dans tous les terrains propres aux céréales ; mais elle affectionne les terres franches, sableuses, et les sols légers dont la couche végétale est épaisse.

On prépare par d'énergiques labours le champ qu'on lui destine ; et, dans les terres fortes, on donne le premier labour avant l'hiver.

S'il est indifférent d'enfouir le fumier avant ou pendant la plantation, il n'en est pas de même du choix de l'engrais. Des expériences ont démontré que le fumier d'étable, mêlé à des végétaux verts, tels que le buis, par exemple, est l'engrais qui convient le mieux à la pomme de terre, à moins que le sol ne soit argileux : alors on emploierait du fumier de cheval.

On plante, en lignes espacées de 0ᵐ70, des tubercules sains, entiers, de la grosseur d'un œuf de poule.

Lorsque les jeunes pousses apparaissent, on donne un bon hersage. On bine autant de fois qu'il est nécessaire pour maintenir la terre propre, et l'on butte une fois au moment de la floraison.

Les espèces de pommes de terre qui résistent le mieux à la maladie sont : la Shaw, la Segonzac ou pomme de terre de la Saint-Jean, et la pomme de terre Chardon. Les plantations hâtives y sont aussi moins exposées que les plantations tardives.

Il existe une grande variété de pommes de terre. M. de Gasparin les a toutes comprises dans les trois catégories suivantes que la *Grammaire agricole* a reproduites ainsi :

« 1° *Patraques*, tubercules généralement arrondis, yeux nombreux et apparents ;

» 2° *Parmentières*, tubercules allongés ou aplatis, yeux peu nombreux :

» 3° *Vitelottes*, tubercules allongés, cylindriques, yeux très-nombreux, très-apparents et enchâssés dans une cavité profonde. »

Les pommes de terre de bonne qualité sont farineuses, elles éclatent à la cuisson. On peut aussi rendre farineuses et corriger de leur mauvais goût les pommes de terre aqueuses, en les déposant de suite dans l'eau bouillante, lorsqu'on veut les faire cuire.

Topinambour. — Le topinambour vient dans tous les ter-

rains, pourvu qu'ils soient ameublis, excepté dans les maré-
cages; mais son produit est en raison de la fertilité du sol. Sa
culture est à peu près la même que celle de la pomme de terre.
On peut planter dès le mois de février; les tubercules de
semences doivent rester entiers ; divisés, ils pourriraient et ne
végéteraient point.

On plante en lignes espacées de 1m50, et on laisse entre les
plants un intervalle de 1m. Comme la végétation du topinambour est tardive, il est avantageux de planter entre les lignes
une rangée de pommes de terre précoces : les façons de culture
et l'arrachage même de celles-ci seront des travaux profi-
tables à celui-là.

Cette plante ne redoutant pas la gelée, on peut ne la récolter
qu'au fur et à mesure de la consommation et achever l'arrachage dans les derniers jours d'hiver. Cependant, si le terrain
est très-humide, il vaut mieux récolter tout d'une seule fois à
la fin de l'automne. Les tiges ne s'enlèvent que lorsque le froid
a arrêté la végétation. On les coupe rez-terre, ensuite on les
donne à fourrager aux moutons, puis on les emploie aux mêmes
usages que les menues branches de bois.

Comme le topinambour se reproduit des moindres parcelles
laissées dans le sol lors de l'arrachage, et qu'il effrite peu le terrain, on peut le laisser occuper le même champ durant plusieurs
années consécutives, sans nouvel ensemencement; il n'exige
d'autres frais qu'une fumure tous les deux ou trois ans, et chaque
année un labour au printemps et des hersages pour détruire les
mauvaises herbes.

Le moyen le moins coûteux, le plus parfait et le plus avantageux de détruire une plantation de topinambours, c'est la jachère
aidée par le pâturage des moutons et surtout des cochons.

Un autre moyen tout aussi certain et moins onéreux, c'est
une culture printanière de fourrage vert, surtout de pois gris
ou de vesces, suivie d'un labour donné immédiatement après
l'enlèvement de la récolte. Les jeunes pousses de topinambour
soutiennent la légumineuse et accroissent la quantité du fourrage.

Betterave. — La betterave demande une terre de consistance moyenne, bien engraissée et profondément ameublie.
Elle réussit dans les terres fortes parfaitement amendées; mais
elle vient mal dans les terrains sableux, à moins que l'année
ne soit humide. La betterave redoute la sécheresse et elle
craint les froids de deux à trois degrés.

On la sème à la volée ou en lignes, dans la seconde quin-

zaine d'avril, sur un terrain préparé comme pour la pomme de
terre.

Dans le semis en lignes, on espace les graines de 0^m10 à 0^m12,
et les lignes, de 0^m40
à 0^m45, si les betteraves sont cultivées
pour la sucrerie; l'es-
pace doit être de 0^m75,
si elles sont destinées
au bétail.

Il est très-avanta-
geux de répandre un
engrais pulvérulent en
même temps que la se-
mence. La graine est
légèrement recouver-
te, mais roulée forte-
ment.

Quand les betteraves
ont la grosseur d'un
tuyau de plume, on
sarcle et l'on éclaircit
de manière à laisser
entre elles un espace
de 0^m25 à 0^m30, au
moins. Plus tard, on
bine, toutes les fois que
le besoin l'exige.

Il faut se garder d'ef-
feuiller les betteraves,
sous peine de nuire
beaucoup au dévelop-
pement des racines.

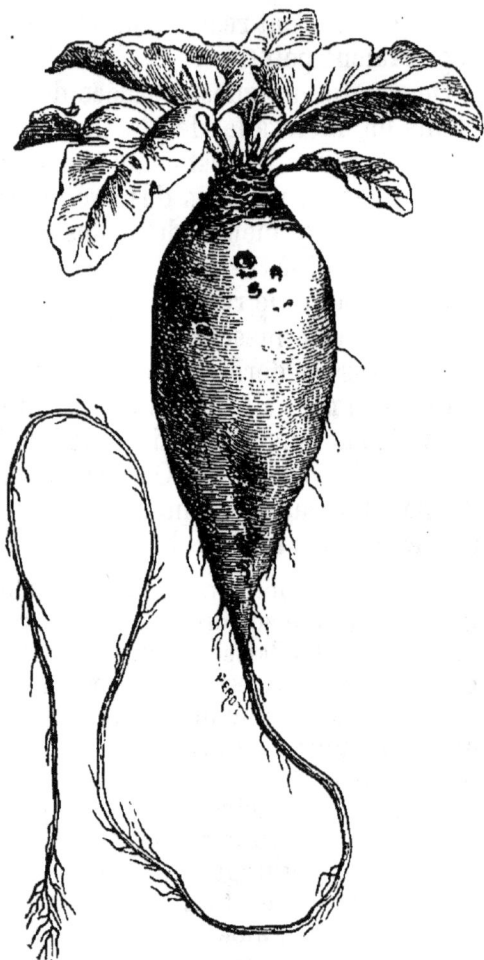

Fig. 17. — Betterave.

On récolte dans la seconde quinzaine d'octobre, lorsque les
feuilles, couvertes de taches rouges, s'inclinent vers la terre.
Après l'arrachage et avant la rentrée en cave, on enlève les
feuilles et la partie du collet où elles sont attachées.

Il y a plusieurs variétés de betteraves. La plus avantageuse pour
la sucrerie est la blanche de Silésie; les espèces le plus généralement cultivées pour le bétail sont : les disettes, dont une partie
de la racine végète hors de terre; la jaune d'Allemagne, et les
globes jaune et rouge.

Méthode Kœchlin. — On sème sur couche en janvier et l'on transplante, à l'époque des semis, en place, sur ados, avec fumier au-dessous. Les façons d'entretien sont les mêmes que dans la méthode ordinaire, sauf le premier sarclage qui est économisé. Il faut prendre garde de ne point casser la racine des jeunes plants en arrachant, et avoir soin de couper ensuite les feuilles à 0m03 au-dessus du collet. Pour faciliter la reprise, on fait tremper ces replants dans un liquide composé d'argile, de bouse de vache et d'urine étendue d'eau, mais on les plonge seulement au moment de planter.

Cette méthode a l'inconvénient de faire pousser à graines les betteraves avant qu'elles aient atteint toute leur grosseur.

Carotte. — La carotte réussit dans les mêmes terrains que la betterave; elle exige, de plus, que le sol, quoique bien ameubli, soit parfaitement rassis. Il faut donc avoir soin, si l'on enfouit le fumier avec le dernier labour, de ne pas employer du fumier pailleux, et de rouler fortement avant la semaille. On frotte la graine avec de la cendre ou du sable pour la débarrasser des poils qui l'entourent et faciliter son adhérence avec le sol.

Le semis et les travaux d'entretien sont les mêmes que pour la betterave.

M. Gossin recommande, comme très-avantageux, le mode de culture suivant : « On répand la graine par lignes espacées de 0m60 ; et sur ces lignes on fait passer la roue d'une brouette assez chargée pour laisser une empreinte longtemps visible. Dès que les mauvaises herbes commencent à lever, on se guide sur cette trace pour enlever avec une râtissoire les plantes parasites qui se montrent de chaque côté des lignes. Les jeunes carottes se trouvant dégagées par ce travail, on attend pour les sarcler plus minutieusement qu'elles aient pris quelque force ; alors on les espace de 0m15 à 0m18, et l'on sarcle à la houe à cheval l'intervalle des lignes. »

On récolte le plus tard possible, en novembre ou décembre. Il faut, lors de l'arrachage, enlever tout le collet avec les feuilles, afin d'empêcher toute végétation.

Panais. — Le panais veut un sol calcaire, profond et ameubli. Sa culture est la même que celle de la carotte. On peut ne récolter qu'à mesure de la consommation et durant tout l'hiver; car cette plante ne souffre point du froid, à moins que le terrain ne soit trop humide.

Navet. — Le navet réussit dans les terres à orge et à seigle. Il redoute la sécheresse; mais sous un climat humide et doux, il continue à végéter, même pendant l'hiver.

On le cultive en récolte principale ou en récolte dérobée ; il succède au seigle ou à un fourrage vert mélangé. Le sol doit être ameubli et propre.

Il ne faut point semer avant le 20 ou 21 juin, sous peine de voir les plants de navet monter en graines sans former de racines charnues.

Le navet donne des produits d'autant plus considérables que la terre est plus engraissée, mais la finesse de ses produits diminue en raison de la fertilité du sol. Cependant un excès de fumure peut occasionner un développement extraordinaire des feuilles au détriment de la croissance des racines.

Un hersage vigoureux est nécessaire quand les plants sont bien levés, pour éclaircir si l'on n'a pas semé en lignes. On récolte aussi tard que possible, mais avant l'hiver.

Rave. — La rave est une des variétés du navet. Elle demande les mêmes travaux de culture que ce dernier, mais elle est moins difficile sur la nature du sol.

Cultivée en lignes, sarclée et binée comme la betterave, elle donne des produits considérables.

Les variétés de raves peuvent se réduire à deux classes bien tranchées : les unes, larges, aplaties et presque entièrement développées à la surface du sol, ne tiennent à la terre que par un fil : telles sont la rave du Limousin, celle d'Auvergne, et la variété anglaise connue en France sous le nom de turneps ; les autres sont allongées, s'enfoncent dans la terre, bien qu'une partie s'élève au-dessus du sol : telles sont la rave d'Alsace et celle du Palatinat.

Rutabaga. — Cette plante, appelée aussi chou-navet, demande un sol léger et substantiel, ou une terre argileuse peu tenace, l'un ou l'autre bien ameubli et engraissé d'un fumier bien décomposé.

On sème en place à la fin mai, en lignes espacées comme pour la betterave. Cependant il est plus avantageux d'élever en pépinière, dès le mois de mars ou d'avril, pour transplanter en juin. Le repiquage et les travaux d'entretien se font comme pour la betterave.

Le rutabaga ne craignant pas le froid, on peut le récolter durant l'hiver, à mesure de la consommation.

Conservation des tubercules et des racines. — On conserve les tubercules et les racines dans des caves, dans des celliers ou dans des silos.

Il importe de les rentrer bien essuyés et bien propres, et de

ne comprendre dans le même tas que ceux de même espèce,
et qui ont le même degré de maturité.

A ce propos, il est bon de remarquer que les tubercules se
conservent d'autant mieux qu'ils sont plus mûrs, tandis que les
racines jouissent de la propriété contraire. On peut donc déterminer, en faisant la récolte, l'ordre à suivre pour la consommation.

Il faut, autant que possible, établir des courants d'air autour
et dans l'intérieur des tas, afin de maintenir une fraîcheur
qui ne permette point à la végétation de se ranimer. On obtient ce résultat en plaçant avec intelligence des branches de
bois, des fascines ou des fagots de paille de colza. La privation
complète d'air produit le même effet, mais elle n'est praticable
que pour les silos.

Les silos sont des fosses de 0^{m}50 à 0^{m}60 de profondeur, d'un
mètre de largeur, sur une longueur déterminée par la quantité des produits qu'elles doivent recevoir. On y entasse les tubercules ou les racines jusqu'à une hauteur de 0^{m}35 à 0^{m}70 au-
dessus du sol, et on les recouvre en forme de dos d'âne, avec la
terre sortie de la fosse; on pratique à l'entour un fossé d'un
mètre de profondeur et l'on en jette la terre sur celle qui recouvre la fosse, en la disposant de la même manière. La largeur
de ce fossé varie suivant la hauteur du silo et l'intensité du
froid.

Choix et récolte des graines. — On choisit pour porte-
graines les racines les mieux conformées et les plus pesantes
sous un même volume. On les replante de suite ou au printemps suivant (selon qu'elles résistent au froid ou qu'elles
craignent l'hiver) dans un terrain meuble, préparé avec soin
et fumé.

Les porte-graines qu'on laisse dans les champs sont abrités
sous des feuilles mortes ou recouverts de litières ; ceux qui ne
seront mis en terre qu'au printemps sont conservés soigneusement.

On leur donne les soins de culture propres à leur espèce.

Les graines doivent entièrement mûrir sur pied. On les
cueille à la main ou bien on coupe les tiges avec précaution
pour les égrainer ensuite. La maturité se reconnaît aisément
au poids et à la couleur.

Les graines récoltées craignent l'humidité, qui les ferait
pourrir, et la grande chaleur, qui détruirait leurs germes.

Elles se conservent très-bien dans des sacs de toile suspendus au plancher d'une pièce sèche et plutôt froide que chaude, surtout si l'on a soin d'ouvrir les sacs tous les mois, pour remuer les graines, afin de renouveler l'air.

CHAPITRE IX

Légumes secs : Féveroles, Lupin, Pois, Vesces, Gesses, Lentilles, Haricots. — Légumes verts : Chou, Citrouille, Courge, Potiron. — Plantes oléagineuses : Colza, Navette, Cameline. — Plantes textiles : Chanvre, Lin.

Légumes secs.

Certaines plantes dont les produits sont utilisés comme comestibles, sous le nom de *légumes secs*, préservent le sol de l'invasion des mauvaises herbes, l'épuisent peu, l'améliorent même si l'on a soin de le labourer aussitôt après leur enlèvement. Mais, parvenues à leur complète maturité, elles s'égrainent avec une telle facilité qu'on est réduit à user de beaucoup de précaution pour en faire la récolte, qui a lieu quand la plus grande partie des gousses sont mûres. On les arrache alors, ou bien on les coupe avec la faucille, puis on les laisse sécher en andains ou en moyettes. La rentrée s'effectue le matin, à la rosée, dans des voitures garnies de toiles ou de paillassons. On bat au fléau, et les grains se nettoient et se conservent comme les grains de blé. La paille de ces légumineuses est un fourrage très-nourrissant et recherché du bétail. Enfouies lorsqu'elles sont en pleine fleur, ces plantes sont un engrais végétal des plus estimés.

Cependant les féveroles ne jouissent pas de tous les avantages qui viennent d'être énumérés, car elles demandent une fumure abondante dont elles profitent largement, et leur paille sert communément à faire de la litière.

Féveroles. — Les féveroles aiment un climat humide; elles réussissent dans toutes les terres à froment, et elles sont très-avantageuses pour les argiles compactes qui ne conviennent pas au trèfle.

On prépare le sol par plusieurs labours, dont l'un avant l'hiver, et l'on sème en février ou dans les premiers jours de mars, en suivant le procédé indiqué pour la culture du maïs en lignes, mais on enterre plus profondément la semence et l'on rapproche davantage les lignes.

Sauf le buttage, qu'on n'opère que dans les terres légères, les travaux d'entretien sont les mêmes que pour les pommes de terre.

Pour assurer la fructification et débarrasser les plantes des pucerons, on écime les tiges, lors de la floraison, avec une faux ou un sabre bien affilé.

Les grains de féveroles peuvent remplacer l'avoine pour les chevaux; ils sont excellents pour l'engraissement des bœufs et des porcs. Avant de les donner en pâture, on les concasse grossièrement à la meule, puis on les fait tremper dans l'eau durant 24 heures.

Lupin. — Le lupin, qu'on appelle aussi pois-loup, demande un sol très-meuble et très-profond; il réussit bien dans les terrains sablonneux ou graveleux, non calcaires.

On le sème épais, à la volée, dans la seconde quinzaine d'avril.

Le lupin est cultivé pour être livré en pâturage, pour servir de fourrage sec et le plus souvent pour engrais vert.

Cette plante est surtout précieuse en ce qu'elle peut végéter sans fumier et qu'elle n'exige aucune façon d'entretien. Elle peut sans inconvénient occuper le sol durant plusieurs années consécutives.

Pois. — Les pois aiment une terre meuble, d'une consistance moyenne et légèrement calcaire.

On sème en mars, à la volée ou en lignes, et l'on enterre profondément.

Le terrain qui leur est destiné doit être amélioré par les récoltes précédentes et non point fumé directement pour les pois; parce que, si la saison est pluvieuse ou que le terrain soit un peu humide, la trop grande richesse du sol prolonge excessivement la croissance et la floraison des pois aux dépens de leur fructification.

Comme leur végétation est rapide, ils demandent peu de frais d'entretien; un hersage suffit quand les tiges ont de 0^m05 à 0^m06. Il importe, lors de la récolte, de ne pas les laisser exposés à la pluie, ni même à la rosée; on obtient ce résultat en recouvrant les moyettes avec un peu de paille.

Il y a une grande variété de pois, les uns comestibles, d'autres plus particulièrement destinés à la nourriture du bétail. On les divise en deux grandes classes : pois à rames et pois nains. Ces derniers seuls sont avantageux dans la grande culture et ils sont plus spécialement utilisés à la nourriture des bestiaux; on les désigne sous le nom générique de *bisaille*.

Bien que les pois soient peu épuisants, ils ne reviennent avantageusement sur le même sol que tous les 5 à 6 ans.

Vesces, gesses, lentilles. — Les vesces réussissent dans tous les terrains qui conviennent aux pois; elles viennent aussi sur des terres plus humides ou plus compactes.

Les gesses se plaisent surtout dans les terres calcaires perméables.

Les lentilles demandent un sol meuble, et elles donnent même un produit passable dans les sables arides.

Ces plantes ne veulent pas une fumure immédiate : elle nuirait à leur fructification.

Les travaux de culture, de récolte et de conservation des grains, sont les mêmes que pour les pois.

On distingue deux espèces de gesses : la gessette ou lentille d'Espagne, qui produit un grain comestible, et la jarosse ou jarat, dont le grain, non comestible, nuisible même au cheval, convient au porc et au mouton. Le fourrage de jarosse est également nuisible aux chevaux, quoiqu'il convienne à tout autre bétail.

La vesce n'est pas comestible; ses grains et sa paille sont aimés de tous les animaux.

Les lentilles peuvent être employées à l'alimentation de l'homme et à la nourriture des bestiaux. Celles que l'on cultive comme espèces comestibles sont plus grosses et ont une valeur souvent double de celle du blé.

Haricots. — Les haricots demandent une terre de consistance moyenne, parfaitement ameublie et propre, et riche de l'engrais appliqué aux précédentes récoltes, plutôt que fertilisée par une fumure récente.

On sème dans la première quinzaine de mai, en poquets, ou en lignes espacées de 0^{m}40 à 0^{m}50, puis on recouvre légèrement.

On sarcle une ou deux fois par un binage, et l'on butte.

Les haricots forment deux grandes classes : haricots nains, haricots à rames.

La récolte des haricots nains se fait en arrachant les plants, qu'on laisse en javelles sur le sol pendant un temps suffisant pour compléter la maturité des grains et opérer la dessiccation des tiges et des feuilles.

La récolte des haricots à rames s'opère en plusieurs fois :

on cueille à la main les gousses à mesure qu'elles arrivent à la maturité.

On associe avantageusement la culture des haricots à celle du maïs. Alors, en employant des haricots nains, on met un poquet entre deux tiges de maïs, si les façons d'entretien doivent être données avec des instruments mus par les animaux ; mais si les binages et buttages doivent être faits à la main, on sème une ligne de haricots entre deux rangées de maïs. Quand on emploie des haricots à rames, on sème un grain de haricot avec chaque grain de maïs.

Tous les haricots sont comestibles. Les variétés les plus estimées sont : parmi les nains, le haricot hâtif blanc de Hollande, le haricot flageolet, le haricot sabre nain, le haricot de Soissons nain, le haricot gris de Bagnolet, le haricot de Chine; parmi les haricots à rames : le haricot de Soissons, le haricot sabre, le haricot de Liancourt, le haricot suisse, le haricot princesse de Belgique.

Légumes verts.

Chou. — Le chou se plaît dans une terre franche, profonde, légèrement calcaire, parfaitement ameublie et bien fumée, il donne aussi des produits considérables dans les terrains marécageux, non inondés.

On prépare le sol par plusieurs labours, mais on n'enfouit le fumier qu'avec le dernier. Le fumier de mouton et les matières provenant du délitage des vers à soie sont les engrais qui conviennent le mieux au chou.

On sème ordinairement en pépinière, de février à mars, dans une terre meuble, grasse et facile à arroser. La graine demande à être peu enterrée, mais elle veut être pressée fortement.

On transplante de mai à septembre au plantoir ou à la charrue, comme pour les betteraves.

Pour repiquer, on choisit, autant que possible, un temps de pluie, à moins que la terre ne soit assez humide ou que le peu de surface du champ en permette l'arrosage.

Il est prudent d'arroser la pépinière avant l'arrachage, afin de ne pas endommager les racines des plants.

Les plants doivent être espacés en tous sens de 0m67 à 1m les uns des autres, suivant l'espèce. Un ou deux arrosages avec du purin sont extrêmement avantageux. On sarcle avec soin, on bine et l'on butte fortement, surtout les variétés à tige.

Le chou craint peu le froid, mais il souffre d'une humidité prolongée.

La récolte se fait en coupant les têtes des choux à pomme, et en effeuillant, en commençant par le bas, les plantes des choux à tige.

Avant l'hiver, on enlève tous les choux qui doivent servir de comestibles et on les dépose dans des sillons d'une profondeur convenable (0m30 environ), serrés les uns contre les autres, et faisant face à la partie de l'horizon qui donne le moins de pluie et de neige. On les abrite contre les fortes gelées au moyen d'une couverture de paille ou d'une toiture en chaume.

Les choux cultivés pour fourrages ne sont point arrachés, mais on en continue la récolte, à mesure des besoins, pendant l'hiver. Après avoir dépouillé les tiges, on coupe les têtes, et, au printemps, lorsque la séve s'est remise en mouvement, on enlève les tiges ou trognons, qu'on divise ou que l'on concasse avant de les donner aux bestiaux.

On peut diviser les choux en deux classes bien distinctes : choux à pomme et choux à tige.

Les variétés les plus cultivées de la première classe sont : le gros cabus d'Alsace ou chou quintal, et le chou milan.

Les espèces les plus recommandables de la seconde catégorie sont : les choux cavaliers, appelés aussi choux à vaches et dont la tige atteint jusqu'à deux mètres de hauteur ; le chou branchu ou chou du Poitou ; le chou moëllier, dont la tige mesure parfois, dans son milieu, 0m10 de diamètre ; et les choux frisés du Nord, qui résistent le mieux aux gelées.

Pour empêcher que les choux ne dégénèrent par la graine, on isole les porte-graines, et, au moment de la floraison, on les couvre d'un morceau de canevas.

Pour les choux à pomme la meilleure graine est produite sur les tiges et sur les rameaux principaux, et pour les choux à tige, sur les semenceaux du milieu.

Citrouille, courge, potiron. — Ces plantes aiment un sol friable, très-bien ameubli, et abondamment fumé.

On pratique dans le terrain, préparé par plusieurs labours, des trous d'un mètre de diamètre sur 0m30 à 0m50 de profondeur, et distants les uns des autres de deux à trois mètres. On les emplit avec la terre enlevée, mêlée à un égal volume du fumier.

Le semis s'opère dans les premiers jours de mai, en plaçant dans chaque trou deux ou trois graines qu'on assujettit dans le fumier même, en les enfonçant légèrement, la pointe en bas, après les avoir préalablement fait tremper pendant vingt-quatre heures au moins, dans de l'eau imprégnée de suie; puis on recouvre les graines de deux à trois centimètres de bonne terre ou de terreau.

Lorsque les jeunes plants développent leurs premières feuilles, on bine et on éclaircit ou on transplante, s'il y a lieu; plus tard, on butte et l'on taille.

La taille est une opération des plus importantes. On la pratique en coupant la tige au-dessus du deuxième ou du troisième œil, pour faire produire des bras; puis, lorsque les plantes recouvrant tout l'intervalle entre les trous, commencent à se toucher, et que les fruits premiers noués ont un diamètre de 0^m04 à 0^m06, on supprime, en la pinçant avec les ongles du pouce et de l'index, l'extrémité des tiges à 0^m25 du dernier fruit conservé. Il faut ne laisser que trois ou quatre fruits à chaque plante.

La maturité se reconnaît à la dessiccation des tiges et à l'étranglement ou dépression de la queue des fruits. La récolte s'opère en enlevant les fruits avec leur queue : il faut avoir bien soin de ne pas les meurtrir.

Il y a plusieurs variétés de courges. Les plus estimées pour comestibles sont : la boule de Siam, la citrouille verte de Hongrie, le giraumon ou bonnet turc, la courge à la moelle, la courge messinaise qui a la forme d'une poire; la courge Martin, petite, plate, blanche, et qui se conserve d'une année à l'autre.

L'espèce généralement cultivée pour le bétail est la citrouille de Touraine.

Tous les bestiaux aiment la courge. Avant de la livrer aux bêtes à cornes, il est prudent d'en enlever les graines, qui ont pour ces animaux une propriété légèrement purgative.

Des graines nettoyées, desséchées et dépouillées de leur enveloppe, on peut extraire une huile comestible et une huile à brûler.

Plantes oléagineuses.

On appelle plantes oléagineuses celles dont la graine contient de l'huile. Les plus cultivées en France sont : le colza, la navette, la cameline et le pavot ou œillette. On extrait aussi de l'huile du chènevis et de la graine du lin.

Colza. — Le colza se plaît dans les terres franches, profondes, calcaires ou marneuses, bien ameublies et bien fumées;

il croît encore dans un sol moins riche, mais il ne réussit point dans les terrains marécageux ou tourbeux.

On le sème ordinairement en pépinière, dans le courant de juillet, pour le repiquer en septembre. Le semis se fait à la volée ou en lignes espacées de 0^{m}25. On calcule que la pépinière doit fournir les plants suffisants à la culture en place d'un champ cinq fois plus étendu.

La graine est enterrée peu profondément; et si le terrain est sec ou léger, on passe le rouleau pour fixer la semence et rasseoir le sol. On doit fumer avec un engrais bien consommé, car il importe que la croissance des jeunes plants soit rapide, afin de les soustraire promptement aux ravages de l'altise bleue ou puce de terre, qui détruirait toute la récolte si la végétation était lente. Le fumier de mouton convient parfaitement au colza, surtout dans les terres argileuses.

On repique au plantoir ou à la charrue, en ayant soin d'enterrer les replants jusqu'au cœur, et de les espacer suffisamment pour qu'on puisse leur donner avant l'hiver et au printemps les façons d'entretien, (binage et buttage) qui leur sont très-favorables. Un arrosage avec du purin contenant en dissolution des tourteaux de colza ou de navette, produit de bons effets. Cet arrosage a lieu quand les plants repiqués ont bien repris.

Le colza peut supporter des froids, même rigoureux, s'il végète dans un terrain sec; mais les gelées le détruisent dans les terrains humides, et les alternatives de gelée et de dégel lui sont très-funestes.

La récolte a lieu quand les feuilles sont flétries, que les tiges et les siliques ont pris une teinte vert-jaunâtre. On coupe avec la faucille et l'on met immédiatement en moyettes, que l'on recouvre d'un peu de paille jusqu'à maturité complète.

Le colza s'égrainant avec beaucoup de facilité, on doit, pour le couper, profiter de la rosée et de la fraîcheur du matin et du soir.

On bat au fléau sur une toile grossière, à cause de la finesse de la graine.

Comme la graine de cette plante s'échauffe aisément, il n'est point nécessaire de la débarrasser, sitôt après le battage, de toutes les siliques qui peuvent s'y trouver mêlées; mais il est indispensable de l'étendre au grenier en couches minces, et de la remuer souvent jusqu'à parfaite dessiccation.

Les siliques peuvent servir de fourrage, et la paille est employée à faire de la litière. On peut aussi l'utiliser avantageusement, alliée avec de la bruyère ou des brindilles de bois, pour recevoir les vers à soie à l'époque de la montée.

Navette. — La navette diffère du colza par ses graines plus fines, son port moins élevé et son feuillage, qui reste d'un vert de navet jusqu'au moment où elle monte en tige.

Elle produit moins que le colza, mais elle est peu difficile sur la nature du sol, s'accommode parfaitement des terrains légers un peu humides, résiste bien aux influences de la température et végète rapidement.

Les procédés de culture et de récolte sont les mêmes que pour le colza, excepté qu'on n'élève pas les plants en pépinière, et que le semis se fait un mois plus tard.

Cultivée pour fourrage vert, la navette doit être semée plus épais.

Cameline. — La cameline est la plus rustique des plantes oléagineuses; elle ne redoute point les insectes et n'est pas difficile sur le choix du terrain, pourvu qu'il soit meuble. Cette plante est surtout précieuse pour les pays sablonneux où ne peuvent réussir ni le colza ni la navette.

On la sème de fin avril en juin, à la volée, sur un sol préparé comme pour les marsages. Pour faciliter la semaille et la rendre plus uniforme, on mêle avec du sable la graine de cameline. On recouvre la semence par un léger hersage.

Comme cette plante végète rapidement, elle n'exige aucun frais d'entretien, à moins que les mauvaises herbes n'envahissent le sol ou que le semis ne soit trop épais, alors on sarcle ou l'on éclaircit de manière à laisser un intervalle de 8 à 10 centimètres entre chaque plant.

La récolte se fait en août ou en septembre, lorsque les silicules commencent à jaunir. Elle demande, ainsi que l'égrainage et la conservation des graines, les mêmes précautions et les mêmes soins que le colza.

La cameline peut encore être cultivée comme engrais vert.

M. Barral estime que le rendement de la cameline est au moins équivalent à celui du colza de printemps.

La rapidité de végétation et l'époque tardive du semis de cette plante permettent de l'utiliser comme récolte dérobée; elle peut aussi remplacer les semailles d'automne qui n'auraient pas réussi.

L'huile de cameline n'est pas comestible; elle sert à l'éclairage sous le nom assez connu d'huile de camomille.

Les tiges servent aux mêmes usages que celles du colza et de la navette; on les emploie quelquefois à la confection de petits balais.

Quelques agronomes conseillent d'associer la moutarde blanche à la cameline, au lieu de cultiver isolément cette dernière. On obtient ainsi des produits plus avantageux, mais les propriétés de l'huile restent les mêmes.

Plantes textiles.

Sous le nom de plantes textiles on désigne les plantes qui produisent une substance propre à former un tissu. Les principales sont : le chanvre et le lin, qui réussissent dans les climats tempérés, et le coton qui ne vient que dans les pays chauds.

Chanvre. — Le chanvre se plaît dans les terres franches, profondes, d'une consistance moyenne, et qui gardent toujours un peu d'humidité; il réussit bien à la suite d'un dessèchement de lac ou d'étang.

Le terrain qui lui est destiné doit être parfaitement ameubli par des labours nombreux et énergiques, et fumé largement avec des engrais bien consommés.

D'après l'auteur de la *Grammaire agricole*, voici quelle serait la meilleure culture préparatoire du chanvre, culture suivie dans certaines communes du département de Seine-et-Marne :

« Au mois de septembre, on laboure le champ, on passe ensuite la herse. En novembre, on couvre la terre de fumier de basse-cour; peu de temps après on enfouit le fumier. Au mois de mars, quand la terre est ressuyée, on herse de nouveau, afin que le terrain soit disposé comme celui d'un jar-

Fig. 17. — Chanvre.

din ; mais si la terre était chargée d'herbes parasites, on donnerait un léger labour à la fin de ce mois (mars). On a soin que la terre ne se dessèche pas ; à cet effet, on passe la herse et le rouleau. Dans les premiers jours de mai, on donne un labour profond ; on herse la terre de nouveau pour qu'elle soit unie et meuble. Ces dernières façons terminées, on procède de suite à l'ensemencement du chènevis.

Le semis se fait à la volée ou en lignes, dès que la température accuse de dix à douze degrés Réaumur. Il est très-avantageux de répandre, en même temps que la semence, un engrais pulvérulent (colombine, guano, poudrette). Si l'on prévoyait ne pouvoir se procurer un engrais de cette nature, on transporterait sur le terrain, au mois de février ou de mars, une demi-fumure d'engrais ordinaire ou de gadoue.

On sème plus épais quand on veut récolter du chanvre pour toile, que lorsqu'on veut obtenir du chanvre pour corde.

Le chènevis doit être enterré à une profondeur de $0^m,05$ et recouvert immédiatement.

La végétation du chanvre étant très-rapide, le plus souvent on n'a aucune façon d'entretien à donner. Cependant si la terre se durcissait après le semis, on passerait sur la chènevière une herse garnie d'épines, pour faciliter la levée des graines.

La récolte du chanvre se fait lorsque les fleurs mâles sont défleuries et que les feuilles commencent à jaunir. On arrache alors les tiges et l'on procède au rouissage. Il y a deux modes de rouissage : le rouissage sur champ et le rouissage par immersion.

Le rouissage sur champ s'opère en exposant à la rosée et à la pluie le chanvre que l'on étend sur le sol et qu'on retourne fréquemment, afin de soumettre toutes les parties de la plante à l'action de l'humidité. Ce mode de rouissage est fort long et nuit à la couleur de la filasse.

Lorsqu'on emploie le rouissage par immersion, on réunit les tiges du chanvre en bottes que l'on porte au routoir le plus promptement possible, et qu'on plonge entièrement dans l'eau. Les eaux courantes rendent la filasse plus blanche que ne le font les eaux dormantes ; mais le rouissage dure plus longtemps, et les résidus sont entraînés sans profit. Cependant ces résidus constituent un des meilleurs engrais.

On peut profiter de l'avantage des eaux vives et du bénéfice des eaux dormantes, en alimentant le routoir avec l'eau d'un ruisseau ou d'une rivière, de manière à tenir le chanvre constamment submergé, mais sans qu'il y ait un excès d'eau dont il faille se débarrasser.

Pour s'opposer à la déperdition des gaz produits par les matières fermentescibles contenues dans l'eau stagnante des réservoirs, on jette dans le routoir, après en avoir retiré le chanvre, de la marne, du plâtre, du sulfate de fer, ou à leur défaut, de la terre bien nette et soigneusement épierrée. Ces substances fixent les gaz à mesure qu'ils se forment, et constituent un engrais puissant qu'il est facile de rendre pulvérulent, en le mélangeant avec de la chaux, ce qui ajoute encore à sa richesse, surtout si on emploie cet engrais à fumer les chènevières, car la chaux favorise singulièrement la végétation du chanvre.

On choisit pour porte-graines les plantes femelles qui forment la bordure des chènevières, ou bien l'on sème, dans une récolte sarclée, quelques grains de chènevis, qui produiront ainsi davantage et de meilleures graines.

Le chènevis ne garde pas plus d'un an sa faculté germinative.

La bonne graine de chanvre est d'un beau gris foncé, bien pleine et bien luisante. Il est avantageux de renouveler de temps en temps la graine et de la tirer des pays renommés pour la belle production : du Piémont ou de la Touraine.

Les vents violents, les pluies d'orage et la grêle sont les fléaux du chanvre.

S'il est impossible de se soustraire complétement à la puissance de ces agents destructeurs, on peut cependant jusqu'à un certain point, s'opposer à leurs ravages. Le chanvre pouvant occuper chaque année le même champ ou former un assolement biennal avec le blé, on entoure le terrain consacré à une chènevière d'une forte haie ou d'une clôture d'arbres, qui brise la violence du vent.

Les tiges courbées ou froissées par la pluie peuvent être ramenées à leur état naturel, en les étayant avec des perches transversales, établies à une hauteur du sol déterminée par les points endommagés des tiges.

« Lorsque le chanvre a été frappé de la grêle avant qu'il ait fleuri, il faut couper le plus promptement possible et obliquement les brins qui ont été atteints, un peu au-dessous de l'endroit où apparaissent les meurtrissures, et à 0m50 tout au plus au-dessus de la terre. Les brins ainsi recépés repoussent avec une nouvelle vigueur, et donnent des produits tout aussi abondants que les brins qui n'ont pas été touchés par la grêle. » (Dictionnaire universel de la vie pratique.)

Lin. — Le lin réussit dans toutes les terres à blé et à sain-foin, pourvu qu'elles soient perméables, mais la terre à orge est son terrain de prédilection. Il aime un sol ameubli à la surface et raffermi à l'intérieur, plutôt fertilisé par les cultures précédentes que par l'application immédiate d'engrais. Cependant une fumure avec des tour-teaux, des engrais pulvérulents ou des engrais liquides, une quinzaine de jours avant la semaille, produit de bons effets.

On prépare le sol par un ou deux la-bours profonds et par des hersages mul-tipliés.

Le semis se fait à la volée avant l'hiver ou au printemps, plus ou moins épais, suivant qu'on cultive exclusivement pour la filasse, ou pour la filasse et la graine.

Il est indispensable de sarcler autant de fois que le besoin l'exige.

La récolte du lin doux se fait de suite après la floraison ; celle du lin en graine, un mois plus tard.

Pour égrener le lin, on bat les tiges au maillet, ou on les frappe sur une pièce de bois arrondie, ou bien encore on les fait passer entre les dents d'un peigne à demeure.

Fig. 18. — Lin.

Les eaux courantes et vives sont les plus propres au rouissage de cette plante.

Le lin est très-épuisant, et il ne reparaît avec succès dans le même champ qu'à un intervalle de six à dix ans.

CHAPITRE X

DE LA VIGNE ET DU VIN.

Sol. — Exposition. — Cultures et travaux préparatoires. — Choix des cépages. — Propagation. — Plantation. — Soins propres à tous les modes de culture pendant les trois premières années d'un vignoble. — Culture naine. — Culture demi-naine. — Culture à deux membres. — Méthode Guyot. — Soins à donner aux vignes complétement faites. Culture de la vigne en pyramide. — Hautins ou Treillages. — Durée, fertilisation et renouvellement de la vigne. — Maladies et ennemis de la vigne.
Vendange. — Vinification : vin blanc, vin rouge. — Conservation des vins. — Maladies des vins.

Sol. — La vigne réussit dans tous les terrains, pourvu qu'ils ne soient ni de l'argile ni du sable pur ; elle vient même dans des terres si arides, qu'elles seraient impropres à toute autre culture. Mais elle affectionne surtout les sols calcaires, meubles et riches, mélangés de petites pierres, et les sols provenant de roches délitées. Elle demande un sous-sol perméable.

La vigne se plaît mieux sur le flanc des côteaux que dans les plaines. L'humidité lui étant pernicieuse, elle redoute les brouillards et le voisinage des marais. L'inclinaison du sol la plus favorable à l'établissement d'une vigne varie de dix à trente degrés.

Exposition. — La meilleure exposition est celle qui jouit le plus longtemps et le mieux des rayons du soleil, et qui permet à l'air une circulation facile.

Cependant on trouve des vignobles renommés dans toutes les expositions ; chacune a des avantages qui lui sont propres. Ainsi, l'exposition du nord, réputée la moins bonne, en retardant la végétation, préserve la vigne des gelées du printemps, et la fait mieux profiter des impressions favorables des vents froids.

Cultures et travaux préparatoires. — Les cultures préparatoires les plus favorables à l'établissement d'une vigne, sont : la jachère, les plantes fourragères, et surtout les prairies naturelles.

Ordinairement on défonce le sol à une profondeur d'environ 0^m50, en ayant soin d'extraire les grosses pierres, de bien niveler la terre, et d'éparpiller à la surface les petites pierres. L'écobuage est avantageux après le défrichement d'une broussaille.

Choix des cépages. — La différence des vins provenant surtout de la différence des cépages, il importe de faire, suivant le but qu'on se propose, un choix judicieux des variétés qui mûrissent bien dans les années ordinaires et qui arrivent à maturité dans le même temps. Il ne faut pas non plus réunir un trop grand nombre de variétés. Chaque cépage doit occuper exclusivement une partie de la vigne, à cause des soins de culture qui sont spéciaux.

On a reconnu qu'il est plus avantageux de choisir les cépages parmi les variétés du pays qu'on habite, que de les tirer de pays étrangers; et que, si l'on est forcé de recourir ailleurs, il faut s'adresser à des contrées plus froides.

Les fins cépages produisent en général moins que les cépages communs.

Propagation. — La vigne se multiplie à l'aide de boutures appelées *crossettes*, et de chevelus ou *rajus*, qui sont des crossettes enracinées.

Les crossettes sont des sarments dont la partie inférieure est armée d'un petit bourrelet du bois de deux ans.

Ce bourrelet est laissé pour prévenir le desséchement trop rapide de la bouture; mais il est inutile à la production des racines, et on le supprime lors de la plantation.

On prend les crossettes sur les ceps les plus vigoureux et les plus productifs.

Un cep de vigne est dans toute sa vigueur de la huitième à la seizième année de sa plantation, et un cep de treillage, de la douzième à la vingt-cinquième année.

Le moment le plus favorable à la reprise des crossettes est le printemps (avril et mai).

Pour assurer la reprise des crossettes, on pratique dans certains pays le procédé suivant, qui donne de bons résultats.

Au moment de la plantation ou quelques jours auparavant, on enlève avec un couteau l'écorce sèche, jusqu'à la couche verte, de la partie des sarments comprise entre les deux ou trois nœuds inférieurs qui doivent être enterrés. Les crossettes décortiquées à l'avance sont mises dans l'eau et y restent jusqu'au moment de leur emploi, pour empêcher qu'elles ne se dessèchent.

L'écorcement facilite la production des racines, et l'on assure qu'une vigne ainsi plantée est aussi avancée à la fin de sa première année, qu'une vigne de deux ans établie d'après la méthode ordinaire.

'On reconnaît qu'une crossette est bonne, à l'inspection de la section qui en a détaché le bourrelet, laquelle doit être humide et verte.

Si les crossettes doivent être employées dans les huit jours qui suivent leur formation, il n'y a pas de soins à prendre pour leur conservation ; mais si elles ne doivent être utilisées que dans un temps plus reculé, on les place en lieux humides et frais.

Les chevelus ou rajus sont élevés pendant deux ans en pépinière, dans un terrain généreux et frais, préalablement défoncé à 0m30 ou 0m40 de profondeur, et nettoyé de mauvaises herbes.

Les soins d'entretien d'une pépinière de chevelus sont les mêmes que ceux d'une jeune vigne plantée de crossettes.

La transplantation des chevelus se fait en novembre.

Il faut avoir soin, lors de l'extraction, de ne point tirer le plant, mais de le soulever par un coup de bêche profond et de le saisir au moment où ses racines se sont dénudées par suite des mouvements d'oscillation imprimés à l'instrument.

Plantation. — On trace sur le sol défoncé et bien ameubli des raies qui se coupent à angles droits, et qui divisent le terrain en carrés d'un mètre de côté. La direction des raies est indiquée par l'orientation qu'il est permis de donner ; le point d'intersection des lignes indique la place que devra occuper le plant.

Si l'on emploie des crossettes, on pratique, à l'aide d'un plantoir ou d'un pal de fer, des trous de 0m30 à 0m40 de profondeur, et d'autant plus larges que le terrain est moins fertile ; on y glisse le plant à la profondeur de 0m25 à 0m30, en terrain plat, et de 0m30 à 0m35 en terrain incliné ; puis on l'entoure, dans la proportion d'un à quatre litres, d'un amendement formé de trois parties de bonne terre végétale et d'une partie de fumier ; terre et fumier préalablement superposés en couches de 0m15 de terre et de 0m05 de fumier, pendant six mois ou un an.

A défaut de cet engrais, on pourrait verser un litre de purin sur chaque trou rempli avec la terre même du champ, mais non encore tassée.

M. Durandlaîné conseille de ne remplir d'abord les trous qu'à moitié ou aux deux cinquièmes de la hauteur de la crossette, afin d'empêcher la production de racines trop rapprochées de la surface du terrain, et d'achever le remplissage lors de la première façon qu'on donne à la vigne.

Lorsque la plantation est terminée, on ravale tous les plants sur l'œil le plus près de terre ; et si l'on a à sa disposition du sable ou de la terre légère, on en recouvre tous les bourgeons sous une épaisseur de 0ᵐ02 pour les abriter contre les effets de la sécheresse, des nuits froides et des coups de soleil.

La plantation des chevelus se fait par fossettes ou par tranchées.

Par fossettes, on pratique des trous de 0ᵐ40 de longueur sur 0ᵐ20 de largeur et 0ᵐ30 de profondeur à une extrémité, et dont le fond s'élève graduellement jusqu'à se confondre du côté opposé avec le niveau du sol extérieur.

On met au fond du trou un tiers de l'amendement recommandé pour la plantation en crossettes ; on place dessus, verticalement, le plant dont on a habillé les racines ; on ramène sur celles-ci de la terre voisine qu'on mêle avec le reste de l'amendement ; on met ensuite deux fois plus de fumier que d'amendement ; puis on recouvre ce fumier de terre que l'on presse fortement pour bien assujettir le rajus et mettre les radicelles en contact avec les éléments nourriciers.

On peut aussi donner une profondeur uniforme au fond de la fossette et y placer le chevelu, de façon qu'il suive, sur une longueur de 0ᵐ25, un piquet vertical, et que le reste soit couché sur le fond de la fossette.

Dans la plantation par tranchées, on donne à la fossette une longueur égale à l'intervalle arrêté entre deux plants, en suivant une direction perpendiculaire aux rangées à établir. On place ensuite les rajus, comme on vient de le dire, en dirigeant l'une vers l'autre leurs extrémités inférieures.

Par ce procédé on obtient alternativement, entre les rangées de ceps, une allée aux racines et une allée vide. Dans la première on dépose les engrais, ce qui permet une économie de fumier ; dans la seconde, on établit le passage, soit pour les façons d'entretien, soit pour les charrois.

La plantation achevée, on ravale chaque plant sur un œil, et l'on nettoie le sol, le plus proprement possible.

L'auteur de la *Grammaire agricole* estime qu'il est de beaucoup préférable de fumer l'année précédente le terrain destiné à la vigne, plutôt que d'employer l'engrais au moment de la plantation :

« Ce moyen (de répandre l'engrais dans la fossette ou la tranchée), donne de beaux résultats les trois premières années ; mais ensuite, les racines trouvant un terrain sans engrais, le cep languit et souffre d'autant plus que sa végétation luxuriante des premières années a fait penser que l'on pouvait sans crainte allonger la taille. »

Soins propres à tous les modes de culture pendant les trois premières années d'un vignoble. — Les travaux de la première année consistent en des façons de propreté et d'ameublissement superficiel du sol, et dans l'enlèvement des pierres ou autres obstacles au développement des bourgeons. Si l'on redoutait l'hiver, on butterait à l'automne.

Au printemps de la deuxième année, on débarrasse le cep des brindilles et des bourgeons adventices qui auraient poussé entre deux terres ; puis on rabat la tige en coupant tous les sarments, un seul excepté, le plus vigoureux et le plus près de terre. On rogne ce dernier sarment, en lui laissant seulement un œil franc. On remplace les plants qui n'auraient point repris. Les façons de propreté et d'ameublissement sont les mêmes que pour la première année. Si, à la floraison, les pampres avaient 0m60 ou une plus grande longueur, on les écimerait, en les pinçant avec les ongles du pouce et de l'index.

La troisième année, on renouvelle les mêmes travaux.

Mais c'est ordinairement à la quatrième année qu'il faut choisir le mode de culture auquel la vigne doit être soumise.

Pour se guider dans ce choix d'une si haute importance, on doit prendre en considération les règles suivantes :

1° Tenir le cep aussi bas que possible, afin d'accélérer et de perfectionner la maturité du raisin par la réflexion de la chaleur solaire ;

2° Faire profiter le cep de l'influence bienfaisante et directe de l'air et du soleil ; et, par conséquent, ne pas entasser les pampres, et proscrire toute culture de plantes étrangères dans les intervalles des ceps.

Les principaux modes de culture de la vigne sont : la culture naine, la culture demi-naine, la culture à deux membres et la méthode Guyot.

Culture naine. On taille à deux yeux quatre ou cinq sarments des plus vigoureux, de manière à donner au cep à peu près la forme d'une main ouverte. Après la floraison on enlève toutes les pousses latérales des pampres fertiles ; on rassemble ensuite tous les pampres qu'on lie à une hauteur de 0m80 à 1m, et l'on en coupe les extrémités à 0m15 au-dessus du lien ; pour donner plus de solidité aux pampres qui n'ont pas la longueur ci-dessus indiquée au moment de l'accolage, on les pince au-dessus

de la dernière grappe. Au printemps de chaque année on enlève les pousses de l'intérieur, et on laisse à chaque cep quatre
ou cinq membres taillés à deux ou trois yeux, suivant la fertilité
du sol.

Cette méthode économise le temps et les échalas; elle convient surtout aux vignes en plaine et à celles qui n'ont qu'une
très-faible pente.

Culture demi-naine. — On choisit sur chaque cep trois ou
quatre sarments que l'on taille chacun à deux yeux. Après la
taille, on implante les échalas. Le pinçage et l'écimage des pampres se pratiquent comme dans la culture naine, mais on attache
les pampres vers le haut de l'échalas.

La cinquième année, on asseoit sur chaque membre des coursons taillés à trois yeux. On continue ainsi les années suivantes.

Culture à deux membres. — Au printemps, avant la séve, on
choisit deux verges opposées, belles et saines, que l'on taille à
dix ou douze yeux ; les autres sarments sont complétement ro-
gnés à la tête. Cependant, par précaution, il est bon de laisser
encore un ou deux coursons taillés à deux yeux, pour les tailler en
membres l'année suivante. Après le premier piochage, on plante
les échalas ; on met, pour chaque cep, deux échalas à distance
de 0m30 du pied de la souche. C'est à ces échalas qu'on attache les
verges ployées extérieurement en arceaux. Le premier accolage
et la rognure des pampres se font avant la floraison ; quelque
temps après la floraison, on rogne une seconde fois. L'année
suivante, on taille deux nouveaux ployons sur les coursons; on
ménage deux nouveaux coursons, et l'on supprime entièrement les
autres sarments et les verges anciennes.

Méthode Guyot. — On enfonce dans la ligne des ceps, et à
mi-distance de deux souches consécutives, des piquets dechêne,
de châtaignier ou de bois blanc, imprégnés de sulfate de cuivre,
de 0m50 à 0m60 de longueur, et qui, en place, ne dépassent que
de 0m33 le niveau général du sol. On plante, dans le milieu de
la tête de chaque piquet, une pointe de 0m05, qui déborde 0m005
à 0m006. Ces pointes sont destinées à recevoir un fil de fer gal-
vanisé, n° 10, qui, partant d'une extrémité de la ligne, où il est
fixé autour d'un pieu enfoncé jusqu'au niveau du sol, s'élève
jusqu'à la pointe du premier piquet, qu'il enveloppe, et va s'en-
rouler successivement à chaque pointe des autres piquets; par-
venu à l'autre extrémité de la ligne, ce fil est arrêté comme à son
point de départ.

On donne, à chaque cep, un échalas qu'on place au nord ou
à l'ouest de la souche, et qui s'élève au moins d'un mètre au-
dessus du sol.

La taille fait tomber au ras de la souche tous les sarments
du cep, sauf deux, les plus beaux et les mieux situés : l'un, qui

doit former la branche à fruits, est laissé dans toute sa longueur ou plutôt aux trois quarts de sa longueur, puis abaissé horizontalement et attaché au piquet ; l'autre est taillé à deux yeux et constitue la branche à bois. Celui-ci doit être aussi bas que possible sur la souche ; la hauteur de la branche à fruits est sans importance. Si l'on n'a pas à redouter les intempéries, il est avantageux d'opérer la taille en deux fois. Dans le courant de février ou de mars, on fait tomber tous les sarments et la branche à fruits de l'année précédente, à l'exception des deux sarments destinés à former la nouvelle branche à fruits et le courson ; par précaution on pourrait conserver un troisième sarment. On dresse les sarments conservés contre l'échalas, où ils restent ainsi jusqu'à la seconde quinzaine de mai, après qu'on a eu soin de les nettoyer de leur petit bois, de leurs vrilles et queues. Alors on choisit, pour en faire la branche à fruits, le sarment qui a le plus de grappes ; on taille à deux yeux le courson et l'on abat le troisième sarment, s'il y a lieu. Cette pratique est basée sur l'expérience, qui prouve que les gelées du printemps atteignent plus facilement les bourgeons situés à proximité du sol et que la situation verticale des branches retarde la sortie des bourgeons inférieurs. Il est aussi démontré, pour les fins cépages surtout, que les bourgeons supérieurs donnent un plus grand nombre de grappes.

La conduite des pampres peut se réduire à ces préceptes :

1° Arrêter toute expansion du bois dans la branche à fruits, en pinçant l'extrémité de chaque pousse deux feuilles au-dessus de la plus haute grappe ;

3° Favoriser le développement des pampres du courson en les maintenant le long du grand échalas et en se gardant bien de les pincer ou rogner avant qu'ils aient dépassé cet échalas ;

3° Le long de la branche à fruits, de même qu'à la branche à bois et à la souche, jeter bas toutes les pousses stériles ou gourmandes, tous les pampres qui ne peuvent servir à la récolte ni former le bois de l'année suivante.

Le premier pinçage doit être pratiqué aussitôt que deux petites feuilles se sont épanouies au-dessus de la plus haute grappe, et au-dessus de la cinquième ou de la sixième feuille, s'il n'y a qu'une grappe. Les autres pinçages s'appliquent aux sous-bourgeons, auxquels on ne laisse que deux ou trois feuilles au moment des accolages, des épamprages, des rognages, et toutes les fois qu'il faut donner à la vigne une façon d'été : le principe rigoureux étant de *ne jamais laisser la sève se perdre en produisant une végétation inutile.*

Il ne faut jamais abattre les sous-bourgeons en les désarticulant du sarment qui les porte, mais les pincer ou casser en leur laissant deux ou trois feuilles.

Toutes les opérations qui viennent d'être indiquées, sauf le palissage, qui est établi une fois pour toutes, se renouvellent chaque année de la même manière.

Soins à donner aux vignes complétement faites. — La *taille* est l'une des opérations les plus importantes, car c'est de la taille que dépendent en partie la durée plus ou moins longue du cep, la qualité et la quantité des vins.

L'époque de la taille varie avec le climat, de la fin de l'automne au commencement du printemps, avant la séve. M. Jules Guyot assure même qu'on peut tailler en toute sécurité lorsque la végétation s'est ranimée et que les bourgeons sont développés. La taille d'hiver offre l'avantage d'anticiper sur les travaux multipliés du printemps ; mais elle a parfois l'inconvénient de faire souffrir l'œil ou le bourgeon le plus rapproché de la section.

On taille la vigne afin de la rajeunir en quelque sorte tous les ans. A cet effet, on devra observer les règles suivantes :

Tenir bas le cep ou rapprocher du sol, autant que possible, les sarments qui portent fruits ;

Ne pas laisser trop de bois au cep, afin qu'il puisse produire des raisins de qualité et de grosseur convenables et en quantité suffisante, sans trop s'épuiser. La taille varie aussi d'après le cépage. En terre légère et maigre, on laisse moins de verges et de coursons qu'en terre un peu forte et riche. Tous les sarments qui ne sont pas destinés à devenir des verges ou coursons doivent être coupés ; on supprime de même toutes les pousses qui viennent du tronc on des membres, et qui sont ou trop faibles ou superflues. Comme bois à conserver, on choisit toujours les sarments les meilleurs et les plus sains.

Par la taille, le cep doit être façonné de manière que les raisins puissent jouir de la lumière, de la chaleur, de la rosée et des autres influences atmosphériques.

Les coursons se taillent derrière les verges. Ordinairement on façonne en coursons les pousses endommagées par la grêle. Les jeunes vignes supportent bien la taille en ployons ; les vignes anciennes doivent être de préférence taillées en coursons.

Après une année d'abondance, on asseoit moins de verges et de coursons.

On coupe à 0m03 au-dessus de terre les souches gelées ;

L'enlèvement des sarments coupés succède à la taille.

Le ploiement des verges s'opère autant que possible par un temps humide ou après la pluie.

On cherche à imiter la forme circulaire, en dirigeant vers la terre la pointe du ployon, de manière à faciliter l'accès de l'air et du soleil.

Le *provignage* a pour but de remplacer les ceps qui ont péri. Il se fait par la plantation de rajus, par l'établissement de marcottes prises sur les ceps voisins, ou par le couchage complet de souches, dont on étale les sarments, suivant les besoins.

On place dans la fosse qui reçoit le rajus, la marcotte ou la souche, les mêmes engrais que ceux recommandés pour la plantation de la vigne, et on suit le même procédé de recouvrement.

Le *terrage* est nécessaire aux vignes dont la pente rapide laisse entraîner le sol par les pluies et les façons de culture.

A cet effet, il est avantageux d'établir au pied de la vigne un fossé pour recevoir la terre entraînée.

Le *piochage* se donne au printemps, lorsque la vigne est parfaitement ressuyée.

On doit observer de bien retourner la couche remuée, de ne laisser aucune place sans la piocher, de maintenir la terre dans les vignes en pente, de bien extraire les racines des mauvaises herbes, surtout les racines de chiendent, et de ne pas endommager les ceps.

L'*échalassement* a lieu avant le développement des bourgeons. La quantité d'échalas et la manière de les placer sont déterminées par le mode de culture suivi ; mais, en règle générale, il faut les implanter assez solidement pour résister aux vents et les établir à des distances convenables.

Les bois de chêne, d'acacia et de châtaignier sont les meilleurs pour échalas.

On a reconnu que l'immersion pendant 48 heures dans une eau contenant en dissolution un vingtième de son poids de vitriol bleu (sulfate de cuivre) et le séchage à l'ombre des échalas, les rendent presque incorruptibles, surtout si, après l'opération, on les enduit d'une couche très-légère de lait de chaux.

L'application du vitriol bleu à la conservation des échalas permet de remplacer avec avantage les bois durs par des bois blancs d'une valeur bien moindre.

Le *liage* ou *accolage* consiste à réunir, autour des échalas, les principaux pampres des coursons pour les soustraire au danger d'être brisés par le vent, et pour fixer solidement la forme des ployons.

La ligature se fait avec de la paille ; elle doit être peu serrée, afin de ne pas froisser les feuilles et de laisser à la séve une circulation facile

Le premier *binage* se donne avant la floraison ; car, pendant cette époque, on ne doit se livrer dans la vigne à aucun travail.

Cette seconde façon a pour effet d'émietter la terre remuée par le piochage et de détruire les mauvaises herbes ; elle ne doit avoir lieu que lorsque la terre est ressuyée et on doit l'exécuter à une profondeur de 0m05 environ.

La *rognure* et l'*ébourgeonnage* ne doivent être confiés qu'à des personnes qui connaissent la taille de la vigne.

Ces opérations ont pour but de concentrer toute la séve dans le bois utile et dans les raisins. On y procède habituellement avant la floraison, quelquefois après, mais autant que possible par un temps sec.

Le *second accolage* se fait à peu près dans le même temps, en prenant garde de ne point enfermer dans les liens de grappes ni de feuilles. Plus tard, s'il est nécessaire, on attache de nouveau.

Le *second binage* a lieu dès que les mauvaises herbes reparaissent ; on ne doit le donner ni par une grande sécheresse, ni par un temps humide.

On donne encore d'autres binages si le besoin l'exige, car il est avantageux de tenir le sol aussi propre et aussi meuble que possible.

L'*épamprement* a lieu lorsque le bois inférieur commence à mûrir.

Il a pour effet de faciliter l'action du soleil et de la rosée, de fortifier le cep et d'activer la maturité des raisins.

La *vendange*, ainsi qu'on le dira plus loin, ne doit se faire que lorsque les raisins sont arrivés au plus haut point de maturité.

Culture de la vigne en pyramide. (Extrait de la Grammaire agricole.) — La troisième année, on taille le courson à trois yeux. La quatrième année, on taille les deux rameaux inférieurs à deux yeux, pour en faire les deux premiers coursons, et le rameau supérieur à quatre yeux ; on attache ce dernier à l'échalas, en lui faisant décrire une faible spirale. La cinquième année, on conserve le sarment le plus vigoureux sorti de chacun des coursons, et on le taille à deux yeux, s'il y a eu du fruit l'année précédente, et à trois yeux, s'il n'y en a pas eu. On choisit également le plus vigoureux des sarments produits par le rameau attaché au piquet ou échalas ; on le taille à quatre ou cinq yeux, selon la force de la vigne, et on le lie au piquet en continuant la spirale, sans trop en serrer les contours. On laisse un ou deux sarments taillés à deux yeux pour former de nouveaux coursons. La sixième année, la taille est semblable à celle de la cinquième, et on élève ainsi la pyramide jusqu'au sommet du piquet qui peut avoir, sans inconvénient, trois mètres de hauteur.

Il peut arriver que des ceps très-vigoureux donnent très-peu de fruits par ce mode de taille; il y en a d'autres qui s'affaiblissent vers le bas et poussent très-vigoureusement vers le haut. Dans le premier cas, au lieu de tailler les sarments des coursons inférieurs à deux ou trois yeux, on les laisse de toute leur longueur, on les arque et on les attache aux coursons voisins. Dans le second cas, on procède de même, mais on rabat la pyramide sur un bon sarment inférieur, pour la forcer à produire dans le bas des bourgeons vigoureux qui remplaceront les coursons affaiblis.

Quel que soit l'âge des pyramides, il faut toujours proportionner la taille à leur vigueur, et leur conserver la forme que leur nom indique, c'est-à-dire large en bas et étroite dans le haut, afin que tous les coursons puissent recevoir les rayons solaires.

Les pyramides formées de deux, de trois, de cinq ceps, sont taillées et soignées d'après les mêmes principes; seulement on allonge les spires dans la partie inférieure, en proportion du nombre de ceps, afin d'éviter la confusion et de faciliter la circulation de l'air et du soleil à l'intérieur. Mais la distance entre les pyramides augmente avec l'augmentation du nombre de ceps qui les composent. Formées d'un cep, elles sont espacées en tous sens de 1 mètre 30 centimètres; de trois ceps (ce qui paraît la réunion la plus avantageuse), elles sont éloignées de deux mètres les unes des autres.

Hautins ou **Treillages.** — La distance entre les rangées de hautins ou de treillages varie de deux à vingt mètres, suivant la fertilité du sol et la nature du produit auquel on donne la priorité. La hauteur dépend de l'espèce de récolte cultivée et de l'intervalle laissé entre les rangées; les treillages les moins élevés donnent le meilleur vin.

Si le terrain est exclusivement consacré au treillage, on le défonce comme pour l'établissement d'une vigne basse, et l'on espace de 2 mètres les rangées, qu'on fait le moins hautes possible. Mais si l'on se propose de cultiver d'autres récoltes avec la treille, on ouvre sur toute la longueur et sur l'emplacement destiné aux rangées, des fossés d'au moins 1 mètre de largeur sur 50 à 60 centimètres de profondeur. D'après l'usage le plus généralement suivi, ces fossés sont espacés de 10 mètres entre eux.

On plante en ligne droite et à une distance de 2 à 4 mètres, selon la richesse du sol, des crossettes qu'on traite, durant les deux premières années, comme il a été dit pour l'établissement d'une vigne basse.

La troisième année on implante, à 0ᵐ80 ou 1 mètre de chaque crossette, et du même côté, des piquets ou montants espacés de 4 mètres les uns des autres. Si les crossettes ne sont espacées que de deux mètres, on place un échalas à mi-distance des piquets. On ouvre ensuite, de la crossette au piquet ou à l'échalas, une fosse dans laquelle on couche la crossette et son plus beau sarment (le seul conservé), dont on relève contre le piquet ou l'échalas l'extrémité, qu'on taille à deux yeux.

La quatrième année, avant la végétation, on établit le treillage.

A cet effet, on cloue aux piquets, à un mètre au-dessus du sol, des perches ou traverses qu'on assujettit solidement; à 0ᵐ80 ou 1ᵐ au-dessus des perches, on tend un gros fil de fer qu'on attache fortement à chaque piquet par un clou à tête de piton ; on place ensuite, à 0ᵐ33 les unes des autres, des petites lattes qu'on cloue à la perche et qu'on fixe au fil de fer de la même manière que celui-ci est attaché aux piquets.

Le treillis étant fait, on amène le long des piquets et des échalas les deux sarments ou le plus beau sarment du cep; on courbe ces sarments à la hauteur des perches, à droite et à gauche des piquets, s'il y a deux sarments, et du même côté si l'on n'en a gardé qu'un, puis on couche sur la perche l'extrémité des sarments garnie de trois yeux. Ces sarments sont destinés à former les branches-mères de la treille.

La cinquième année on choisit sur chaque branche le plus beau sarment, et on l'étend sur la perche dans toute sa longueur, après en avoir retranché l'extrémité dont le bois n'était pas assez aoûté ; les autres sarments sont taillés à deux yeux.

La sixième année et les années suivantes, on taille chaque sarment conservé en courson ou en ployon, suivant la méthode qu'on aura reconnue la plus avantageuse au cépage cultivé, et l'on continue d'allonger les branches-mères jusqu'à ce que le treillis soit entièrement garni.

La taille et le nombre de coursons ou d'archets à établir sont déterminés par la force de la végétation.

La conduite des pampres est basée sur les mêmes principes, et s'exécute à peu près de même que pour les vignes basses.

Durée, fertilisation et renouvellement de la vigne. — A la huitième année, la vigne est arrivée à son état de perfection, et sa production est dans toute sa puissance. Pendant vingt ans à partir de cette année, si on lui donne les amendements et les engrais convenables, elle maintient sa vigueur et sa fertilité dans tous les sols où elle n'avait pas encore été cultivée, ou dont elle était restée longtemps éloignée. Au delà de trente ans, parfois même avant ce temps, la fécondité peut décroître et même s'éteindre sur certains sols; les terrains où la vigne est séculaire sont une exception.

Le moment le plus favorable à la fumure et à l'amendement de la vigne est la fin de l'automne ou le printemps, suivant le climat et la nature des engrais. La quantité d'engrais est en rapport avec la fertilité du sol; cependant on estime généralement qu'il faudrait chaque année une quantité de fumier égale en poids au poids de la vendange. Les terrains en pente doivent être fumés tous les trois ans, et ceux en plaine tous les quatre à six ans.

On doit enterrer les engrais à une profondeur d'au moins quinze centimètres.

Les engrais déposés à la surface ou près de la surface du sol sont une double cause d'inconvénient et de maladie pour la vigne : les mauvaises herbes prennent un développement extraordinaire et font couler le raisin, en le privant d'air et de soleil; le chevelu de la vigne attiré vers la partie engraissée se trouve mutilé par les travaux d'entretien, et souvent desséché par les ardeurs du soleil.

Les engrais applicables à la vigne sont : le fumier d'étable, le fumier d'écurie, le fumier de mouton; les chiffons de laine mélangés avec de la marne, de la bonne terre ou de la gadoue; le gazon, pourvu qu'il ne contienne pas de chiendent; les récoltes vertes, lupin, sarrasin; le buis, la bauche; le sel surtout pour le provignage; enfin les composts et l'apport de bonnes terres.

La vigne se maintient par le provignage, pratique funeste (du moins telle qu'on l'accomplit généralement) en ce qu'elle jette la confusion dans les rangées et entasse ou entremêle les racines des ceps. Par suite, l'air ne circule plus librement; la

chaleur du soleil et les autres influences atmosphériques n'agissent plus avec la même efficacité; les racines, par leur entrelacement, forment un obstacle au piochage et aux binages ; les vieilles racines empoisonnent les nouvelles; les souches s'affament mutuellement, et le terrain s'effrite.

L'antipathie que les végétaux éprouvent à succéder à d'autres végétaux semblables existe pour la vigne comme pour les autres plantes, bien qu'on essaie de la dissimuler par la végétation artificielle qu'on obtient à force d'engrais. Cependant l'expérience démontre que les rajus, par exemple, ne reprennent avec facilité et ne végètent bien qu'autant qu'on a pris la précaution de ne point les établir sur l'emplacement même des souches arrachées, à moins qu'on n'ait enlevé soigneusement les vieilles racines et qu'on n'ait apporté de la terre neuve pour remplir les fossettes. Mais ce procédé, quoique le plus avantageux, ne réussit pas toujours à couvrir les frais qu'il occasionne.

Il est donc sage de traiter la vigne comme les autres plantes, c'est-à-dire, de la renouveler lorsqu'elle est épuisée, mais après avoir occupé le terrain quelques années à d'autres cultures. Et, pour ne point se priver complétement du produit de cette récolte, on peut, à partir de la vingtième année de la plantation, diviser le vignoble en dix ou quinze parties, et opérer chaque année sur une de ces parties, ainsi qu'on le pratique dans les contrées vinicoles les plus renommées.

Maladies et ennemis de la vigne. — La plus redoutable des maladies de la vigne est l'*Oïdium*, connu sous le nom spécial de *Maladie de la vigne*. On combat l'oïdium par l'application du soufre en poudre sur toutes les parties vertes de la vigne malade.

M. Guyot conseille en outre de répandre à la volée, par hectare, du 15 au 30 mai, 20 kilos de sulfate de fer pulvérisé.

Le soufrage doit être appliqué à trois reprises différentes : dès l'apparition des raisins, lorsque les grains sont formés, et quand le raisin a acquis à peu près toute sa grosseur.

Seul, l'emploi d'abris artificiels peut préserver la vigne de la coulure contre les intempéries; mais si la coulure est occasionnée par un excès de vigueur dans la végétation, le pinçage et l'ébourgeonnage peuvent la prévenir.

Pour atténuer l'effet de la gelée sur les vignes, M. de Gasparin recommande d'enduire les ceps d'un lait de chaux.

La couleur blanche réfléchissant la chaleur plus que toute autre couleur, la vigne est ainsi moins exposée à subir une température élevée pendant le jour et un froid glacial vers la fin de la nuit. Cette opération a en outre pour effet la destruction des larves d'insectes et des œufs de limaçons qui peuvent être attachés aux ceps.

La mousse s'approprie la séve des plantes qu'elle salit, entretient sur les végétaux une humidité pernicieuse, et sert de repaire à une multitude d'insectes. Pour la détruire, on enduit l'écorce du cep d'un lait de chaux épais, au moyen d'un gros pinceau ou d'une brosse rude.

Si l'on opère après la pluie, la mousse se détache aisément, et l'on s'en trouve débarrassé pour longtemps. C'est au printemps, lorsque la végétation se ranime, qu'il faut faire ce travail.

Le procédé le plus efficace pour la destruction de la pyrale et des autres insectes ennemis de la vigne consiste à laver avec de l'eau bouillante les échalas et les vieux ceps, dont les gerçures et l'écorce recèlent les œufs et les larves de la vermine.

La chaleur passagère de l'eau suffit pour détruire ces œufs et ces larves ; elle ne persiste pas assez pour nuire à la souche.

Le flambage des ceps donne aussi, mais plus imparfaitement, le même résultat.

Ces deux opérations doivent être faites en hiver, pendant le sommeil de la végétation.

Vendange. — La vendange doit se faire lorsque les raisins ont acquis le plus haut degré de maturité.

On cueille les raisins avec la serpette ou mieux encore avec des ciseaux et de petits sécateurs, en ayant soin de ne pas leur imprimer de secousses qui les égrainent, et de séparer, pour les mettre dans un récipient particulier, les grappes ou parties de grappes non mûres, grillées, gelées ou pourries.

La vendange doit s'opérer rapidement, afin de rendre uniforme la fermentation d'une même cuve.

Il ne faut vendanger ni par la pluie ni le matin, lorsque les raisins sont couverts d'une rosée abondante.

La râfle contient le tannin, qui, en faible proportion, donne du corps au vin et n'est pas étranger à sa fermeté et à son bon goût ; mais qui, en excès, rend le vin dur, acerbe, astringent, désagréable au goût et lourd à l'estomac.

Les pepins et la pellicule contiennent plus que la râfle des matières nuisibles à la délicatesse et à la santé des vins dans lesquels ils ont longtemps macéré. D'où il suit que l'épépinage serait plus important que l'égrappage, qui n'est avantageux que pour les vignes à vins durs, astringents, forts en alcool et d'une longue durée. Mais si l'égrappage n'est point indispensable à la confection des bons vins, l'écrasement des grains du raisin est nécessaire et doit être exécuté préalablement au pressurage pour les vins blancs, et au cuvage pour les vins rouges. (Docteur Guyot.)

Vinification.

Vin blanc. — On fait le vin blanc en livrant au pressoir, avant toute fermentation, les raisins blancs ou noirs, après un un foulage qui en crève les grains, sans écraser les pepins, ni broyer les pellicules et les râfles. On verse le moût dans des tonneaux qu'on ne remplit pas d'abord, afin que la fermentation ne dégorge pas de liquide.

Les matières que la fermentation aurait rejetées du tonneau, tombent quand la fermentation a cessé et se confondent avec la lie.

Vin rouge. — Une cuve devrait être remplie en un jour pour que la fermentation fût simultanée. On ne la remplit qu'aux $5/6$ au plus de sa hauteur, afin d'éviter le déversement du moût et d'empêcher que le chapeau ne s'aigrisse par le contact incessamment renouvelé de l'air atmosphérique.

La fermentation facilite la séparation du marc d'avec le moût. Une fois cette séparation faite, la fermentation se continue, mais en produisant une chaleur inégale dans le moût et dans le marc; la chaleur du marc est d'au moins dix degrés supérieure à celle du moût.

C'est sur le motif de cette double fermentation que repose l'utilité des foulages, qui ont pour effet, non point d'écraser les raisins, mais de rafraîchir le marc, qui s'échaufferait trop, et de réchauffer le moût qui resterait trop froid, enfin de céder à toute la masse du vin la partie colorante, qui ne se trouve que dans la pellicule des grains.

Le cuvage s'opère en vase ouvert ou en vase clos.

Les cuves ouvertes obligent à plusieurs foulages pour empêcher l'acétification et le dessèchement du chapeau, mais elles donnent le vin le plus riche en couleur. Les cuves fermées demandent moins de manipulations et ne laissent rien perdre de l'alcool que dégage la fermentation.

La confection des vins rouges, à la cuve, est exactement limitée par la cessation de la chaleur très-apparente et du bouillonnement très-sensible.

On procède alors au décuvage, à moins qu'on ne veuille avoir des vins de macération, c'est-à-dire, des vins plutôt colorés que de qualité supérieure.

Le pressurage suit immédiatement le décuvage. Il est parfois avantageux de mêler le vin qui en résulte avec le vin de la cuve, surtout si l'on n'a point laissé macérer, et qu'il y ait pauvreté d'alcool.

Il est des années malheureuses où, dans les meilleurs vignobles et avec les raisins provenant des meilleurs cépages, le moût renferme si peu de principes sucrés, qu'il est impossible de faire du vin de bonne qualité. On peut y remédier par l'addition de sucre de canne ; mais sous la condition expresse que la quantité de sucre n'élèvera pas le moût à un degré d'alcoolisation supérieur à celui qu'on obtient dans les bonnes années. (Docteur Jules Guyot.)

Conservation des vins. — La première condition, c'est d'avoir une bonne cave. Une bonne cave doit conserver toute l'année une température à peu près uniforme ; elle doit être voûtée, éloignée des fumiers et de toute autre matière putrescible, et munie de soupiraux ou d'ouvertures qui facilitent l'aération. On ne saurait y faire régner une trop grande propreté ; la pureté de l'air étant nécessaire, on évitera d'enfermer dans les caves destinées au vin des légumes et autres denrées alimentaires, telles que salé, viande, fromage, etc.

Les futailles doivent être solides et propres ; il vaut mieux les cercler en fer qu'en bois.

Pour garantir de la rouille les cerceaux en fer, on leur donne de temps à autre une couche d'huile de lin ou de vernis à couleur.

Chaque fois, après avoir vidé un tonneau, il faut bien le rincer, le faire sécher pendant un ou deux jours, puis le soufrer : cette précaution est indispensable pour préserver les futailles du moisi, qui peut facilement se communiquer au vin et lui ôter ses qualités marchandes.

Le meilleur moyen de nettoyer un tonneau fûté (moisi), c'est de l'employer au cuvage lors de la vendange. On peut aussi le désinfecter en y versant quelques seaux de lie de vin bouillante et en remuant bien. On conseille encore de badigeonner à la chaux l'intérieur de la futaille moisie, et de la laver ensuite avec de l'eau aiguisée d'un peu d'huile de vitriol.

Avant de se servir d'un tonneau, il est toujours prudent de bien l'échauder.

Lorsqu'un vin n'a pas terminé sa première fermentation en cuve, la fermentation se continue dans le tonneau. Alors on ne remplit pas entièrement le tonneau, et on laisse le bondon ouvert jusqu'à ce que le vin ne travaille plus.

Il faut éviter, autant que possible, d'imprimer la moindre secousse aux tonneaux pleins.

Pour que le vin se conserve bien, il faut maintenir les tonneaux pleins jusqu'au bondon ; à cet effet on remplace, toutes les trois ou quatre semaines par du vin de même qualité, celui qui s'est perdu par l'évaporation ou par l'imbibition de la futaille (Schlippf.)

Maladie des vins.

Les principales maladies des vins sont : la *Graisse* ou *Gras*, la *Pousse*, l'*Amertume*, l'*Acidité*, la *Tournure*, le *Goût de fût* et de *moisi*.

La *Graisse* ou *Gras* rend les vins lourds et filants comme de l'huile ; elle attaque surtout les vins peu spiritueux et manquant de tannin et de tartre.

On guérit les vins gras en introduisant dans le tonneau, pour un hectolitre, 100 grammes de crème de tartre et 110 grammes de sucre brut, dissous dans 6 litres de vin bouillant et versé très-chaud ; ou 45 grammes de pepins de raisins réduits en poudre. On agite ensuite fortement le tonneau, et après un repos de 24 à 48 heures, on colle sans battre et l'on soutire 5 ou 6 jours après.

La *Pousse* communique au vin une saveur rebutante ; elle est occasionnée par une fermentation vive survenue dans le tonneau.

Le remède le plus simple consiste à introduire dans le vin poussé 15 grammes d'acide tartrique par hectolitre, ou de soutirer dans un tonneau soufré et d'ajouter par hectolitre 1 à 2 litres de bonne eau-de-vie ; ensuite il faut coller et soutirer de nouveau.

L'*Amertume* altère la saveur du vin ; elle est souvent l'indice d'une maladie plus grave.

On la guérit quelquefois en introduisant dans le tonneau un

vin plus jeune provenant du même crû, ou en faisant passer le vin amer sur de la lie fraîche ; ou encore en transvasant dans un tonneau qui a contenu du vin de bonne qualité, et dans lequel on a brûlé deux décilitres d'alcool par capacité d'un hectolitre, puis qu'on a fortement soufré.

L'*Acidité* est causée ordinairement par une fermentation trop vive ou trop prolongée, avec accès d'air.

On peut la combattre par l'introduction dans le vin aigre d'une quantité convenable de tartrate neutre de potasse (85 à 170 grammes par hectolitre). Mais si la dégénérescence est trop avancée et que le vin ne soit pas d'un prix élevé, le mieux est de le livrer au vinaigrier.

La *Tournure* altère le goût et la couleur du vin ; celle-ci devient violette ou presque noire.

Si cette altération date de plus d'un an, il est difficile d'y porter remède. Dans le cas contraire, on peut rétablir un vin tourné, en y mêlant de 15 à 20 grammes d'acide tartrique par hectolitre.

Le *Goût de fût* et de *moisi* est une des maladies les plus tenaces et les plus difficiles à guérir.

On la fait sinon disparaître, du moins diminuer, d'abord en transvasant dans un bon tonneau, puis en versant dans le vin un verre d'huile d'olive récente ; on fouette vigoureusement le vin, puis on le laisse reposer pour en séparer l'huile qui surnage.

Les autres altérations du vin sont moins à craindre et plus faciles à corriger. Mais il est toujours prudent de livrer sans retard à la consommation les vins qui ont été soumis à un traitement. (*Maison rustique* et *Dictionnaire de la vie pratique*.)

CHAPITRE XI

Mûrier : Variétés. — Propagation. — Pépinière. — Greffe. — Plantation. — Conduite et entretien des mûriers pendant les cinq premières années de la plantation. — Soins à donner aux mûriers en
rapport. — Récolte des feuilles.
Noyer : Variétés. — Propagation. — Greffe. — Entretien des noyers
adultes. — Conservation des noix.

Mûrier.

Le mûrier réussit dans tous les pays où le climat permet
qu'il puisse refaire son feuillage après la cueillette des feuilles,
et aoûter son jeune bois avant les premières gelées. Il végète
dans toute espèce de sol ; mais c'est dans les terres légères et
fertiles dont le sous-sol est perméable, qu'il prospère le mieux
et donne la meilleure feuille ; il croît lentement dans les terrains argileux ; et il vieillit vite dans les sols sablonneux.

Variétés. — On distingue plusieurs variétés de mûriers,
caractérisées par la couleur de leurs fruits, la forme de leurs
feuilles et leur mode de végétation. Les principales sont : le
mûrier blanc commun, dont la feuille substantielle et délicate
produit la plus belle soie ; le mûrier Moretti, le mûrier Lou et
le mûrier du Japon, remarquables par leur végétation luxuriante ; le mûrier multicaule ou des Philippines, qui se propage
facilement par boutures et dont la tige se bifurque près du sol ;
le mûrier noir ou mûrier indigène, qui donne aux basses-cours
un ombrage avantageux, mais dont la feuille n'est guère employée à l'alimentation des vers à soie.

Le mûrier blanc est le plus répandu ; le mûrier Moretti et surtout le mûrier Lou méritent d'être propagés. Quant au murier multicaule, il est précieux pour la formation des haies, mais il est
fort sensible aux intempéries et il demande un climat plus chaud
que les variétés précédentes.

Propagation. — Le mûrier se multiplie par marcottes,
par boutures et par semis. Ce dernier mode est le plus communément employé. La graine est prise sur des arbres de 30
à 40 ans, dont la feuille n'a pas été ramassée cette année-là.
On récolte la graine lorsque les mûres tombent d'elles-mêmes
ou à la suite d'une légère secousse imprimée aux branches

Pour les débarrasser de la pulpe qui les entoure, on triture les mûres avec les doigts dans un vase plein d'eau. La graine nettoyée tombe au fond du vase, tandis que la partie mucilagineuse reste en suspension dans le liquide, qui l'entraîne par décantation. On renouvelle l'eau du vase et l'on décante jusqu'à ce que toute la pulpe ait disparu; alors on égoutte la graine et on la fait sécher à l'ombre, puis on la conserve, en lieu sec, dans des sachets ou dans des boîtes.

Le semis se fait ordinairement au printemps, d'avril en mai, lorsque les gelées ne sont plus à craindre, sur un terrain léger, meuble, engraissé de l'année précédente ou fumé récemment avec un terreau de vieille couche ou un engrais bien consommé; ce terrain est divisé en planches d'environ 1^{m}30 de largeur sur une longueur arbitraire.

On sème en lignes ou à la volée, à raison de 200 grammes par are, et l'on enterre la graine à une profondeur maximum de 0^{m}03.

Lorsque les jeunes plants ont poussé de trois à quatre feuilles, on sarcle et l'on éclaircit, s'il y a lieu, de manière à laisser entre eux un espace de cinq centimètres. Plus tard, on bine suivant les besoins, et l'on arrose si la saison est sèche et que le terrain manque d'humidité.

Le premier binage doit être fait avec beaucoup de précaution, afin de ne pas arracher la pourrette. (On appelle ainsi les mûriers provenant de semis qui n'ont pas encore été transplantés.)

Pépinière. — A la fin de l'automne ou dans les premiers jours du printemps suivant, on arrache, pour l'élever en pépinière, toute la pourrette qui a une hauteur d'au moins 0^{m}30.

La pourrette trop faible pour être transplantée est coupée rez terre avec un sécateur, pour lui faire pousser un jet vigoureux qui permette de l'utiliser au prochain automne.

Le terrain consacré à la pépinière doit être préalablement défoncé à une profondeur de 0^{m}50, bien ameubli et bien fumé. On plante en lignes espacées de 0^{m}40 à 0^{m}50, en laissant entre les plants le même intervalle.

La plantation se fait en quinconce, c'est-à-dire que tous les plants d'une ligne sont établis en face du milieu de l'intervalle compris entre les plants de la ligne précédente.

Les travaux d'entretien consistent à ébourgeonner les pousses latérales inférieures, tandis qu'elles peuvent être coupées facilement avec les ongles, à sarcler et à biner la pépinière.

Tous les mûriers de la pépinière, greffés ou non, qui ont

fait une tige de plus de deux mètres, sont coupés au mois de mars, à une hauteur déterminée par le mode de culture auquel ils sont assujettis : à 2 mètres pour les arbres à haute tige ; 1 mètre pour ceux à mi-tige, et de 0^m75 à 0^m50 pour les arbres nains. Ceux-ci peuvent être coupés encore plus près du sol, si le terrain qui les recevra ensuite n'a pas à redouter les gelées du printemps.

On ne doit pas laisser les mûriers plus de six ans en pépinière. Transplantés après ce temps, ils reprennent difficilement ou bien ils ont une végétation languissante.

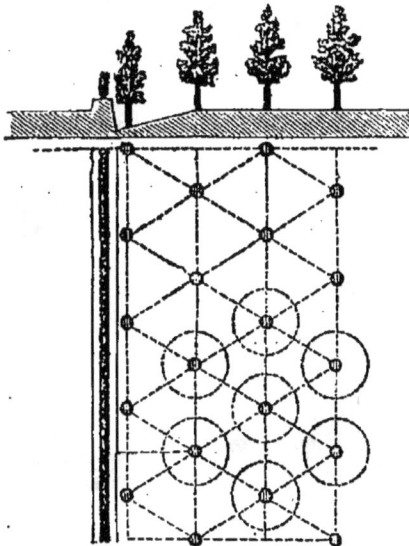

Fig. 19. — Quinconce.

Greffe. — La greffe du mûrier a pour effet d'assurer la production de feuilles semblables à celles de l'arbre qu'on veut propager.

Elle donne des résultats avantageux dont l'évidence ressort du tableau suivant, dressé par M. Loiseleur-Deslongchamps, pour un même nombre de feuilles prises sur des rameaux de même force et de même âge et provenant :

	Poids en grammes.
1° D'un sauvageon à feuilles très-petites et très-découpées.	500
2° D'un sauvageon à feuilles petites, mais non découpées.	690
3° D'un autre sauvageon à feuilles moyennes..	1,060
4° D'un sauvageon à feuilles plus grandes et peu découpées	1,530
5° D'un autre sauvageon à feuilles larges et entières	1,940
6° D'un mûrier greffé (mûrier Romain)	2,500
7° D'une autre variété de mûrier greffé, dite feuille rose.	2,780
8° D'un mûrier greffé dit grosse reine	3,280
9° D'un mûrier Moretti	3,470
10° D'un autre mûrier Moretti, plus vigoureux..	3,700
11° D'un mûrier multicaule	5,625
12° D'un mûrier multicaule plus vigoureux	6,400

Les mûriers peuvent être greffés en fente, à écusson, et en flûte ou sifflet. La greffe en fente et la greffe à écusson ne sont ordinairement pratiquées que sur de grosses branches qui ne se prêteraient point à l'application de la greffe en sifflet. La greffe en sifflet est la plus sûre et la plus usitée.

La greffe en fente se fait vers la mi-mars; la greffe à écusson, au printemps et à l'automne, et, suivant la saison, elle est dite à œil poussant ou à œil dormant; et la greffe en sifflet se pratique de la mi-avril au commencement d'août.

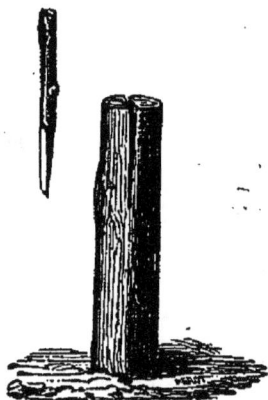

Fig. 20. — Greffe en fente.   Fig. 21. — Ecusson.

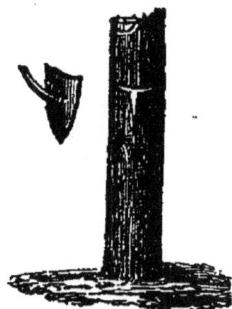

Il est plus avantageux de greffer les jeunes mûriers en pépinière, que de les greffer à demeure, après les avoir transplantés; d'abord, la greffe réussit mieux, lorsqu'elle est faite près du collet ou nœud vital du sujet; ensuite, les fibres du sauvageon étant toujours plus serrées que celles de la greffe, il se forme au-dessous de l'ente un bourrelet qui rend difforme la tête de l'arbre. Enfin, les jeunes pousses de greffes élevées sont plus exposées à être endommagées ou cassées par le vent.

Plantation. — Les champs destinés à la culture exclusive du mûrier devraient être défoncés sur toute leur surface à une profondeur de 0m60; mais comme les frais de défoncement sont considérables, on se borne le plus souvent, pour les arbres à haute tige et à mi-tige, à creuser pour chaque mûrier un trou circulaire de 0m75 de rayon sur une profondeur de 0m75 à 1 mètre, et pour les arbres nains, on ouvre sur toute la ligne une tranchée de 1 mètre de largeur sur 0m50 de profondeur.

Les tranchées doivent être ouvertes et les trous creusés plusieurs mois à l'avance, afin de les faire profiter des influences salutaires de l'atmosphère. Il faut aussi avoir soin de ne pas entasser les déblais pêle-mêle, la terre retirée la première et les gazons de la surface devant entourer les racines de l'arbre et occuper le fond de l'ouverture, laquelle est ensuite comblée avec les autres déblais; les pierres sont mises sur la dernière couche pour maintenir plus de fraîcheur dans la terre remuée.

Le terrain étant préparé, on arrache avec précaution les mûriers qu'on veut transplanter; on les taille régulièrement, en ne laissant à chacun que de trois à cinq branches bien disposées, ayant deux, trois ou quatre yeux, puis on rafraîchit les racines en coupant bien net l'extrémité de toutes celles qui ont été endommagées à l'arrachage.

Si le climat est chaud et le sol léger, la plantation se fait en automne; mais dans les terres fortes ou humides on ne plante qu'au printemps.

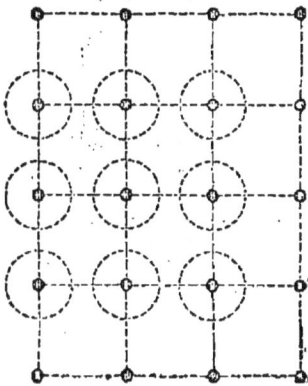

La profondeur à laquelle on doit enterrer les mûriers, dépend de la nature et de l'exposition du sol.

Dans les sols légers et dans les terrains exposés au midi, l'on enterre plus profondément que dans les terres argileuses ou tournées vers le nord, sans jamais planter assez profond pour enterrer le nœud de la greffe, ni assez rapproché du sol pour que les racines puissent être mutilées par les façons ultérieures de la culture.

Fig. 22. — Plantation en carré.

Avant de mettre le mûrier en place, on implante solidement le tuteur qui lui est destiné; et, lorsque la plantation est achevée, on attache l'arbre au tuteur par des liens de paille ou d'osier, qui se croisent entre le sujet et le tuteur de manière à prendre la forme du chiffre 8.

Le tuteur doit arriver plus haut que la tête de l'arbre, afin qu'il puisse protéger celle-ci plus efficacement contre les coups de vent.

On ne peut préciser d'une manière absolue la distance à mettre entre les mûriers; elle varie suivant la fertilité du sol et l'emploi du terrain.

Les mûriers plantés en bordure doivent être espacés de 5 à 12 mètres pour les arbres à haute tige; de 2 à 3 mètres pour ceux à mi-tige; et d'un mètre pour les arbres nains. Dans les haies, les plants de pourrette sont distants de 0m35 à 0m70.

Le terrain exclusivement réservé à la culture du mûrier est planté d'arbres nains ou à mi-tige, disposés en quinconce ou en carré, et ayant entre eux les intervalles ci-dessus indiqués pour les mûriers de cette espèce plantés en bordure.

Conduite et entretien des mûriers pendant les cinq premières années de la plantation.—La première année, on donne deux binages, l'un dans le courant d'avril, l'autre dans le mois de juillet, et l'on ébourgeonne soigneusement les pousses qui se montrent sur la tige et dans la couronne des mûriers.

Au mois de mars des années suivantes, on choisit sur chaque branche deux jets les mieux disposés et les seuls à conserver, que l'on taille à 0m30 , de telle sorte que, la cinquième année, l'arbre ait quarante-huit branches, si l'on a gardé trois branches-mères.

Quelques agriculteurs conseillent de ne tailler que tous les deux ans ; ils assurent qu'on forme ainsi des arbres plus vigoureux et plus productifs.

L'ébourgeonnement et les binages se pratiquent de la même manière et aux mêmes époques que la première année ; seulement, lors du premier binage de la deuxième et de la troisième année, on déchausse les arbres pour couper avec un sécateur les racines trop rapprochées de la surface du sol.

Soins à donner aux mûriers en rapport. — Les mûriers en rapport sont taillés chaque année en juin, après la cueillette des feuilles. Les mûriers non taillés donnent moins de feuilles et leurs feuilles sont plus petites ; ils produisent une plus grande quantité de mûres, et sont plus difficiles à ramasser.

On doit fumer les mûriers tous les quatre ans, à la fin de l'automne, de novembre en décembre.

Il est avantageux de leur laisser tous les cinq ans une année de repos absolu, c'est-à-dire de ne pas cueillir leurs feuilles.

Voici, d'après la *Maison rustique,* le but de la taille des mûriers effeuillés :

1° Décharger les arbres des branches mortes et de celles qui auraient pu être cassées ou endommagées par le cueilleur ;

2° Retrancher les branches d'une végétation trop faible et celles qui, placées dans l'intérieur de l'arbre, l'empêcheraient d'être convenablement évasé ;

3° Arrêter les branches qui poussent trop vigoureusement, surtout dans la partie supérieure des arbres, afin de s'opposer à ce qu'ils s'élèvent outre mesure ;

4° Raccourcir les branches qui paraîtraient vouloir s'étendre horizontalement, et supprimer celles qui sont pendantes ;

5° Replacer dans leur situation naturelle celles qui auraient pu être forcées pendant le cueillage.

Récolte des feuilles. — On ne doit commencer à cueillir les feuilles que la sixième ou la huitième année de la plantation des mûriers, suivant que la taille de ces arbres aura été annuelle ou bisannuelle.

On ramasse d'abord la feuille des haies et des jeunes mûriers, parce qu'elle est plus tendre, moins substantielle, et par conséquent mieux appropriée aux besoins des jeunes vers.

Il faut avoir soin, lors du cueillage, de ne laisser aucune feuille sur l'arbre, car s'il en restait sur quelque branche, la séve s'y porterait au préjudice des branches complétement dépouillées.

On estime qu'un mûrier dont les rameaux sont bien garnis peut donner autant de fois 12 k°ˢ 1/2 de feuilles, que son feuillage abrite de mètres carrés de la surface du sol.

La quantité de feuilles nécessaires à l'éducation de 30 grammes d'œufs de vers à soie est généralement portée de 7 1/2 à 8 quintaux métriques.

« Les feuilles de mûrier employées seules ou en mélange avec un peu de paille de froment, forment un excellent fourrage pour le bétail ; elles sont mangées avec avidité par les moutons et les bêtes à cornes. Cependant on ne saurait conseiller de dépouiller une seconde fois les mûriers en automne, après avoir fait la cueillette des mois de mai et juin ; cette pratique aurait les plus fatales conséquences pour la vie des arbres. On ne doit enlever les feuilles à l'automne qu'au moment où elles commencent à jaunir et à se détacher d'elles-mêmes. » (*Bon fermier*, par M. Barral.)

Noyer.

Le noyer affectionne les terres franches calcaires, plutôt légères que fortes, et ayant beaucoup de profondeur. Cependant il n'est pas difficile sur la nature du terrain, car il végète presque partout ; il ne craint ni la sécheresse ni l'humidité, à moins que l'une ou l'autre ne soit extrême. Sa croissance est seulement plus rapide dans un bon sol que dans celui qui est sec et pierreux ; mais, dans ce dernier, son bois devient plus beau et de meilleure qualité.

Quoique cet arbre soit très-rustique, les hivers rigoureux lui sont funestes, et les gelées tardives du printemps détruisent souvent ses jeunes pousses et compromettent la fructification.

On doit donc ne cultiver que les espèces dont la végétation est tardive. Les noyers greffés poussent aussi plus tard que ceux de la même espèce qui ne le sont pas.

Variétés. — Les noyers cultivés peuvent être rangés dans deux classes : le noyer noir d'Amérique, dont on n'utilise point les fruits, mais qui est recherché pour la beauté de son bois, que les vers n'endommagent point ; et le noyer commun, estimé pour l'usage de ses noix.

Le noyer commun a formé plusieurs variétés, désignées par le nom des noix qui les caractérisent. Les plus remarquables sont : la Mayette, la Chaberte, la Franquette, la noix Saint-Jean et la noix Parisienne. Toutes ont l'avantage de pousser tard, et sont, par conséquent, moins exposées à souffrir des froids intempestifs du printemps.

Voici, d'après M. de Mortillet, l'origine de la dénomination et les caractères de ces noix classées d'après leurs propriétés spéciales :

Noix à huile.

Noix *Saint-Jean.* Ainsi nommée parce que l'arbre pousse très-tardivement, et seulement dans le mois de juin, après l'époque des gelées de printemps, ce qui assure la fructification : grosseur moyenne, aussi large que longue, affectant un peu la forme carrée ; coquille profondément et grossièrement rustiquée.

Noix *Chaberte.* Du nom de Chabert, son producteur ou son propagateur, remonte à environ un siècle, petite, allongée, à coque plus finement rustiquée que la précédente, très-fertile, donne une huile abondante et de première qualité ; elle pousse aussi tardivement que la noix Saint-Jean, et tend à se substituer partout à celle-ci.

Noix de dessert.

Noix *Mayette.* Du nom de Mayet, qui l'a obtenue de semis, cette variété remonte à peu près à la même époque que la Chaberte ; grosse, allongée à la base vers le pédoncule, atténuée et s'effilant au sommet, assez profondément et assez grossièrement rustiquée, toujours avec de fortes protubérances à la base vers la suture.

Noix *Parisienne.* Cette noix, qui ne vient pas de Paris et qui peut-être n'y est jamais allée, a vraisemblablement été ainsi nommée parce qu'elle a paru remarquable. Grosse, allongée, mais de formes un peu carrées, c'est-à-dire à peu près aussi larges à la base qu'au sommet ; rusticage de la coque plus fin et plus régulier que dans toutes les autres variétés.

Noix *Franquette*. Trouvée par Franquet, il y a environ soixante ans, près Notre-Dame de l'Osier ; grosse, très-allongée, terminée un peu en pointe ; rusticage assez accusé avec des creux profonds le long des sutures, qui sont resserrées comme si elles avaient été pincées. Ces trois variétés sont fertiles, parce que toutes les trois sont comme les deux premières, à végétation tardive ; néanmoins, la plus fertile des trois est la Mayette.

Propagation. — Le noyer se multiplie par le semis, et les bonnes variétés se propagent par la greffe. M. Biétrix-Sionest conseille de planter des fruits du noyer noir, et de greffer les arbres qui en proviennent avec les variétés de noix ci-dessus définies.

Les noyers francs de pied, c'est-à-dire, plantés à demeure, sont plus robustes que ceux qui ont été transplantés. Mais les soins que réclament les jeunes noyers isolés étant dispendieux, on élève généralement en pépinière pour transplanter ensuite.

Le terrain destiné à un semis de noix doit être profondément ameubli et bien amendé.

On plante les noix avec leur brou, sitôt après qu'on les a récoltées, et on les enterre à une profondeur de 0ᵐ06 à 0ᵐ10. La plantation se fait en lignes espacées de 0ᵐ33, et en laissant entre les noix un intervalle d'au moins 0ᵐ20. Il faut avoir soin, en plaçant les noix, de les asseoir sur leur pédoncule, de manière que les sutures des coquilles soient perpendiculaires à l'horizon.

Vers la fin de l'automne de la première année, ou dans les premiers jours du printemps suivant, on arrache les jeunes plants pour les élever en pépinière, après en avoir raccourci le pivot à une longueur de 0ᵐ25. Ce retranchement a pour but de favoriser la production des racines latérales qui devront assurer plus tard la reprise des noyers transplantés à demeure. On dispose la plantation en quinconce, en laissant entre les arbres un intervalle d'un mètre en tous sens.

Les soins d'entretien du semis consistent en des sarclages répétés suivant le besoin, et en deux binages dans le courant de l'année.

La pépinière demande les mêmes travaux ; elle exige de plus un piochage à l'arrière-saison ou au printemps, et en juin et en août la suppression rigoureuse des bourgeons secondaires, que l'on coupe très-près de la tige.

On transplante à demeure, du 15 novembre au 15 décembre, dans des trous préparés longtemps à l'avance, les noyers de la pépinière qui ont atteint une hauteur de 3 à 4 mètres. Les trous doivent être profonds de 0m50 à 1 mètre, sur une ouverture d'un mètre carré au moins, et espacés de 8 à 12 mètres. On comble les trous en suivant la marche indiquée pour la plantation des mûriers. Il ne faut retrancher aucune branche lors de la plantation ; ce n'est qu'au printemps suivant qu'on étête à la hauteur voulue.

Comme la tige du noyer encore jeune renferme beaucoup de moelle, on a soin de recouvrir la section d'une matière qui s'oppose à l'introduction de la pluie dans l'étui médullaire (ce qui occasionnerait la carie de l'arbre), jusqu'à ce que l'écorce voisine ait recouvert la plaie.

Il n'est pas rigoureusement nécessaire d'écimer les noyers pour faciliter la formation de leur couronne : la disposition naturelle de ces arbres à se former en boule peut dispenser de cette opération, mais alors la tige s'élance à une hauteur qui rend dangereuse la récolte des noix.

Greffe. — On greffe les noyers en sifflet et en fente ou en couronne. Ces diverses greffes sont également sûres lorsqu'elles sont faites par des mains habiles.

La greffe en sifflet est la plus solide, mais elle a pour inconvénient la difficulté de trouver aisément des scions (vulgairement appelés greffons) de la même grosseur que celle des branches à greffer ; elle exige en outre, si les sujets sont gros, qu'ils soient couronnés un an et demi à l'avance pour avoir des jets propres à la recevoir.

La greffe en fente ou en couronne est moins difficile sur le choix des scions et peut être appliquée dans l'année du ravalement de l'arbre.

Le couronnement des noyers à greffer se fait du 15 septembre en janvier.

On greffe les noyers lorsque la séve est la plus abondante, de la seconde quinzaine de mai aux premiers jours de juin.

Pour greffer en sifflet, il est nécessaire que le sujet et le scion soient en pleine séve ; pour greffer en fente ou en couronne, le sujet doit être plus séveux que le scion.

On obtient ce résultat en coupant les scions au moment de les employer en sifflet, et en détachant pendant l'hiver les scions qui devront être utilisés en fente ou en couronne. Ceux-ci sont conservés à la cave, dans du sable, jusqu'au moment de leur emploi.

Si les arbres greffés sont petits, on peut sans inconvénient enlever tous les huit jours les pousses qui se produiraient au-dessous de l'ente; mais s'ils sont gros, il est prudent de laisser quelques bourgeons adventices se développer, afin d'appeler la séve dans la branche greffée, et d'empêcher que l'arbre ne périsse étouffé par l'exubérance de la séve.

L'année suivante si la greffe a réussi, on supprime les jets tolérés au-dessous de l'ente.

Lorsque la greffe ne réussit pas, on laisse se produire toutes les pousses du sujet, pour les greffer en sifflet au printemps suivant.

On place ordinairement deux fois plus de greffes qu'il n'en faut, à cause de l'incertitude du succès de l'opération; mais il est facile de les réduire ensuite au nombre convenable, en utilisant sur d'autres arbres les greffes superflues.

Les noyers de deux ans peuvent être greffés au collet, comme les jeunes mûriers.

Pour les greffes établies en plein vent, il est bon d'étayer les jeunes pousses avec des tuteurs fixés à l'arbre, pour les protéger contre la violence des vents.

Entretien des noyers adultes. — Les noyers en rapport demandent peu de frais d'entretien : un labour annuel à leur pied dans les vingt premières années, et la taille ou suppression des branches mortes ou brisées, après la récolte. La taille a encore pour effet de tenir dégarni l'intérieur de l'arbre et d'arrêter l'expansion désordonnée des branches inférieures, dont l'ombrage est le plus nuisible.

Conservation des noix. — Les noix destinées à la fabrication de l'huile sont dépouillées de leur brou et placées dans un lieu sec, bien aéré, où elles sont répandues en couches de 0^m10 d'épaisseur, et remuées deux fois par jour jusqu'à complète dessiccation. Trois mois seulement après la récolte on peut les livrer au pressoir.

Les noix de dessert sont conservées fraîches dans des vases en terre vernissée, bien remplis et recouverts d'une couche de sable sec, de cendre ou de sciure de bois, pour empêcher que l'air ne s'y introduise. On ferme ces vases avec des couvercles qui bouchent bien, puis on les enfouit dans du sable, à la cave, ou simplement dans la terre, en lieu sec et abrité.

On peut rendre aux noix sèches leur fraîcheur primitive en les faisant tremper de 5 à 6 jours dans de l'eau pure, ou 48 heures dans du lait de vache faiblement chauffé, ou le même temps dans de l'eau aiguisée d'un peu de sel et élevée à la même température. (*Bon fermier* et *Dictionnaire de la vie pratique.*)

CHAPITRE XII

Animaux nuisibles à l'agriculture. — Moyens de les détruire. — Animaux utiles. — Conseils aux enfants des campagnes.

Animaux nuisibles.

Le nombre des bêtes nuisibles aux cultivateurs est très-considérable, et l'on peut même dire que tous les animaux terrestres conspirent contre les efforts de l'homme, puisque les animaux domestiques, pour rester fidèles, ont besoin d'une surveillance vigilante et assidue. Mais ce sont surtout les insectes et autres bêtes de petite taille qui sont les animaux les plus redoutables de l'agriculture, ennemis d'autant plus terribles, que leur multitude est, pour ainsi dire, infinie, et qu'ils attaquent toutes les parties essentielles des végétaux.

Chaque récolte a, en outre, ses ennemis particuliers :

Les prairies sont ravagées par la tipule, par le taupin, le criquet, la sauterelle, et une multitude de vers et de chenilles ;

Les céréales sont dévastées par les larves de l'alucite, du charançon, de la teigne, de la cécidomye, du chlorops;

Les tiges du maïs et du chanvre sont sillonnées, dans toute leur longueur, par des petits vers :

Le colza, le chou et les autres crucifères sont dévorés par l'altise, le puceron, le limaçon ;

Les pois, les lentilles, les fèves, sont exposés à devenir la proie de la bruche ;

Les tubercules et les racines sont rongés par les vers blancs et par les rats ;

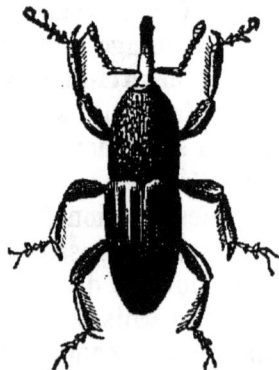

Fig. 23. — Le charançon.

La courtilière et d'autres insectes fouilleurs coupent les racines des céréales et des plantes potagères ;

La vigne est ravagée par la pyrale, l'eumolpe, le rynchite bacchus, le cochylis de la grappe, et même par l'escargot ;

Le noyer et le cerisier sont dénudés de leurs feuilles par le hanneton; et les arbres des vergers, par les chenilles ;

Les fourmis, le forficule ou perce-oreille, la guêpe, s'attaquent aux fruits sucrés ;

Fig. 24. — Grains de blé portant des œufs de la teigne.

Les œstres et les mouches tourmentent les animaux ;

Une multitude de rongeurs : mulots, campagnols, loirs et souris, après avoir vécu dans les champs aux dépens de la récolte, s'introduisent dans les gerbiers, pénètrent dans les granges, dans les greniers, dans les caves, et y continuent leurs dégâts ;

Le loup porte encore quelquefois le carnage dans les troupeaux ;

Enfin le renard, la fouine, la belette désolent les basses-cours.

« On évalue à quatre millions de francs au moins la valeur du blé que fait avorter en une seule année, dans l'un des départements de l'Est, la seule larve de la cécidomye, et l'on attribue à cet insecte l'insuffisance du blé dans les trois années qui précédèrent 1856 ; dans certains champs, la perte s'élève à près de la moitié de la récolte.

Fig. 25. — Chlorops (insecte parfait).

» Une monographie sur le colza, très-bien faite par l'un des professeurs de l'Institut agronomique de Versailles, a constaté, pour une récolte dépendant de cet établissement, que sur 20 siliques prises au hasard et fournissant 504 graines, 296 graines seulement étaient saines, le surplus avait été rongé par les insectes ou s'était flétri par l'effet de leurs piqûres.

» Dans certaines contrées vinicoles, la vigne résiste à peine aux attaques de la pyrale.

» En Allemagne, suivant le témoignage de Latreille, la nonne a fait périr des forêts entières. En 1810, les bostriches avaient tellement envahi la forêt de Tannesbuch, située dans le département de la Roër, qu'un décret dut ordonner d'abattre la forêt et de brûler sur place les branches, les racines et même les bruyères. Dans la Prusse orientale, il a fallu abattre en 1858 ou 59, dans les forêts de l'Etat, plus de 24 millions de mètres cubes de sapin, contrairement à tous les règlements forestiers, mais parce que les arbres périssaient sous les attaques des insectes. » (Extrait du rapport de M. Bonjean.)

En 1861 et 1862, dans la vallée de Graisivaudan, les chenilles étaient en si grand nombre, qu'elles rongèrent, non-seulement les feuilles, mais encore l'écorce des arbres fruitiers ; les bois taillis restèrent tout l'été privés de feuillage : on eût dit que la flamme les avait brûlés.

La puissance de fécondité des insectes est formidable. Le hanneton pond de 70 à 100 œufs; la pyrale, de 100 à 140, déposés dans autant de bourgeons à grappes; l'alucite, de 120 à 150, déposés à la base d'autant de grains d'orge ou de froment; la sauterelle, de 150 à 200, dans des trous creusés à une profondeur de 0^m05 à 0^m06; la courtilière, de 2 à 300; la guêpe, de 12 à 1500. Le cousin fournit jusqu'à sept générations dans l'année, et chaque femelle pond jusqu'à 300 œufs à la fois; un seul couple de charançons peut produire en un an 2,300

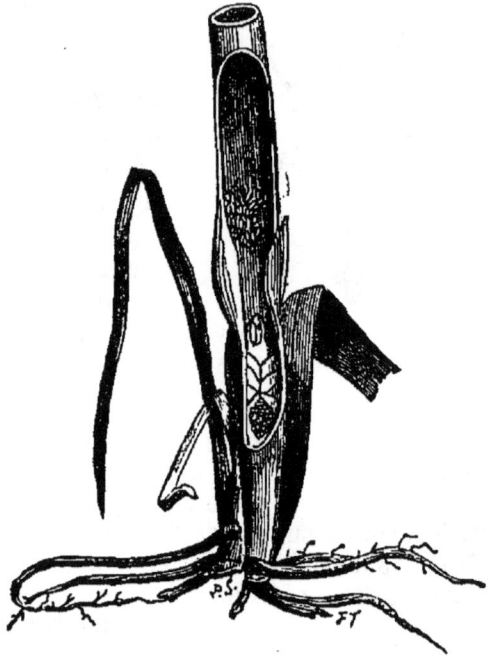

Fig. 26. — Chaume de blé renfermant une larve de chlorops.

œufs; et une seule femelle de puceron en produit des milliers dans la même saison.

Les rats et les souris se multiplient avec une fécondité aussi déplorable. Le docteur Gloger, de Berlin, assure que, en 1857, dans une terre située près de Breslau, on prit 200,000 souris en six semaines.

Moyens de destruction. — « Presque tous les animaux recherchent la tranquillité et la sécurité; au nombre des circonstances qui les multiplient, il faut donc compter l'existence de grands espaces abandonnés à eux-mêmes, comme les forêts, qui sont les repaires d'une foule d'animaux nuisibles, depuis les sangliers jusqu'aux hannetons; comme les dunes, les landes, les bruyères, qui recèlent des légions d'animaux nuisibles qui se jettent sur les terrains cultivés dès qu'une cause quelconque a favorisé leur développement. On peut donc conclure de là qu'on augmente la multiplication des animaux nuisibles par les méthodes de culture qui laissent longtemps certaines terres sans être remuées

» Beaucoup d'animaux nuisibles, notamment de la classe des insectes, ne peuvent vivre que sur une espèce ou sur un petit nombre d'espèces de plantes.

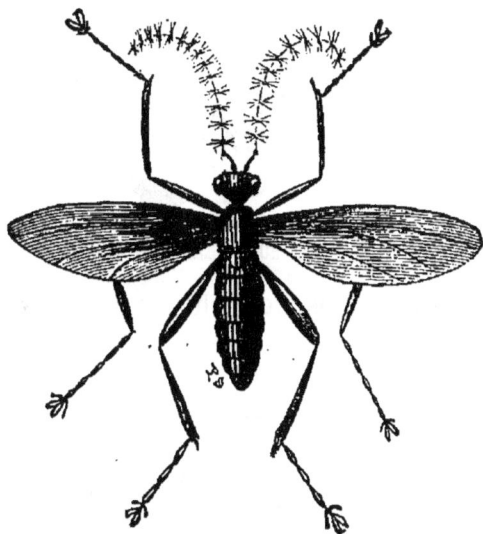

Fig. 27. — Cécidomye.

» En faisant succéder pendant une ou plusieurs années des végétaux qui ne leur conviennent pas, on éloignera donc les chances de leur multiplication.

» La malpropreté, le désordre, l'incurie apportés dans le rangement et la conservation des produits de l'agriculture, sont des causes qui multiplient sans cesse les animaux nuisibles et augmentent leurs ravages.

» L'une des causes qui facilitent le plus le développement des animaux nuisibles, c'est la destruction irréfléchie des autres animaux qui les détruisent eux-mêmes et surtout d'un grand nombre d'oiseaux insectivores. »

(*Maison rustique.*)

Fig. 28. — Alucite.

Outre le choix judicieux d'un mode d'assolement, les soins d'ordre et de propreté dans les produits récoltés, et la conservation des animaux utiles (qui sont les moyens généraux de combattre l'accroissement des bêtes malfaisantes), il est encore des procédés particuliers pour la destruction de chaque espèce nuisible.

Le fusil, les piéges, le poison servent efficacement contre le loup, le renard, le putois, la martre, la fouine et la belette.

L'arsenic et autres substances vénéneuses, les souricières, sont employés à la destruction des loir mulots, campagnols, rats et souris.

L'expansion de la suie sur les prairies fait périr une grande quantité de larves, de vers et de chenilles.

Le battage du blé sitôt après la moisson, la manipulation fréquente des grains entassés, et l'emploi du chlorure de chaux dans les greniers, atténuent les dégâts des rats, du charançon, de l'alucite et de la teigne.

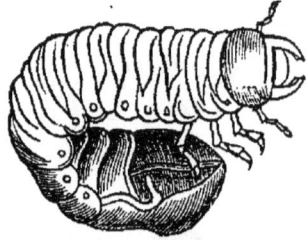

Fig. 30. — Larve du hanneton.

Des labours profonds à l'automne, la culture des plantes sarclées, facilitent la destruction des vers blancs, des courtilières, des œufs de sauterelles, dont plusieurs oiseaux sont avides.

Des arrosages avec l'urine fermentée des bêtes ovines sont mortels à courtilière; malheureusement ce procédé n'est pas applicable en grand.

Le colza semé très-épais et enfoui en vert opère la destruction des vers blancs, tout en donnant à la terre une bonne fumure.

Une végétation rapide met les crucifères à l'abri des attaques de la puce de terre.

L'eau bouillante, additionnée d'un peu d'huile, détruit les guêpiers et les fourmilières.

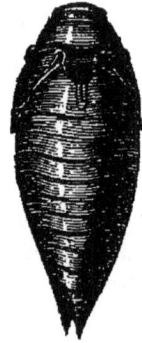

Fig. 29. — Nymphe du hanneton.

Le flambage ou le lavage à l'eau bouillante des ceps de vigne et des échalas anéantit les œufs et les larves de la pyrale.

L'immersion dans l'eau bouillante pendant quelques secondes, des pois, fèves et lentilles destinés à la consommation, fait périr les bruches, sans nuire à la qualité des grains, qu'on a soin de bien faire sécher ensuite.

Enfin la destruction des hannetons, qu'il serait à désirer de voir obligatoire comme l'échenillage, rendrait un grand service à l'agriculture.

Fig. 31. — Hanneton.

Animaux utiles.

L'homme, malgré son génie, serait faible contre l'insecte et les autres ennemis de ses récoltes, si Dieu ne lui eût donné de puissants auxiliaires et de fidèles alliés dans l'oiseau et quelques autres petits animaux, qui s'acquittent à merveille de l'œuvre que la divine Providence leur a confiée.

Cependant tous les oiseaux ne contribuent pas également à l'extermination des races malfaisantes. Il en est même qui, indirectement, en sont les protecteurs, tels sont :

1° Les oiseaux de proie diurnes, excepté la buse commune et la buse cendrée, dont chaque individu détruit environ 6,000 souris par an :

5° Les pies, les geais et les corbeaux, excepté la corneille freux ou moissonneuse, qui rend de grands services pour la destruction des vers blancs. (Cette corneille se distingue aisément des autres corvidés par les reflets métalliques de son plumage.)

Sauf ces rares exceptions, tous les oiseaux sont utiles, même nécessaires, et l'on peut dire avec vérité que ce sont les plus petits, les plus faibles, qui rendent les plus grands services.

Les oiseaux de proie nocturnes, chouettes, effraies, scops ou petits ducs, hiboux, détruisent dans les champs d'innombrables quantités de campagnols, mulots, loirs et souris. Ces oiseaux et les engoulevents ou crapauds volants peuvent seuls faire la chasse aux papillons de nuit et aux insectes crépusculaires dont plusieurs sont fort nuisibles.

Le naturaliste anglais White assure qu'un couple d'effraies détruit dans un jour au moins 150 rats et autres petits rongeurs. Combien donc sont coupables les cultivateurs qui clouent encore l'effraie à la porte de leurs granges, sous prétexte que son cri est un présage de mort !

Les faisans, les perdrix, les cailles, les alouettes, les moineaux et autres granivores, ne rendent pas de moins grands services pour la destruction des fourmis, des sauterelles et de beaucoup d'autres insectes.

M. Florent Prévost a reconnu qu'un couple de moineaux avait détruit 700 hannetons pour l'alimentation d'une seule couvée, et et M. de Quatrefages raconte, dans ses Mémoires, qu'un autre couple de mêmes oiseaux portait à ses petits au moins 40 chenilles par heure. Le pinson se nourrit comme le moineau.

Mais ce sont surtout les oiseaux purement insectivores qui sont les plus utiles : les grimpereaux, le puput ou huppe, l'étourneau ou sansonnet, le coucou, le roi de caille, le vanneau,

le pluvier, le courlis, les hirondelles ; tous les oiseaux désignés
sous les noms d'oiseaux à bec fin, de petits-pieds : rossignols,
fauvettes, mésanges, traquets dont une variété est le cul-blanc,
rouges-gorges, rouges-queues, bergeronnettes, pipits ou becfi-
gues d'hiver, pouillots, roitelets, et en général tous les oiseaux
qui font leurs nids à terre ou près de terre, dans les haies et dans
les buissons.

Le coucou détruit les redoutables chenilles velues que les autres
oiseaux n'osent attaquer. La huppe fait une grande consommation
de courtilières. Les rois de caille, les pluviers, les vanneaux se
nourrissent de limaces, de vers et d'autres insectes. Les merles
et les grives dispersent et retournent les feuilles tombées dans
les bois pour dévorer les œufs des limaçons. Le martinet et la
fauvette d'hiver détruisent journellement plus de 500 insectes.
Des observations positives établissent que les oiseaux appelés
du nom générique de petits-pieds consomment par jour une
quantité d'insectes supérieure à leur propre poids. En hiver, les
oiseaux insectivores, sédentaires, ne restent pas inactifs : ils
explorent les haies, les buissons, les branches et les rameaux
des arbres, pour saisir les œufs et les larves d'insectes.

Il est donc du plus grand intérêt pour l'homme de veiller à
la conservation des oiseaux utiles. Cependant toute l'énergie de
l'oiseau n'aurait pas suffi à l'accomplissement de son immense
tâche. Mais la souveraine sagesse y a pourvu, en douant certains insectes mêmes d'appétits meurtriers.

Les carabes et les mouches ichneumonides, au vol rapide, détruisent un grand nombre de chenilles ;
les coccinelles ou bêtes à bon Dieu font
la guerre aux pucerons ; le drilus s'attaque au limaçon ; la libellule ou demoi-
selle, la cicindelle et la plupart des insectes cuirassés détruisent une multitude
d'autres insectes nuisibles à l'homme.

Parmi les mammifères utiles, il faut
citer le hérisson, la taupe, la musaraigne
et les chauves-souris.

« Le hérisson, ennemi acharné de la
vipère, qui est sans venin pour lui, se
nourrit de souris, de vers, de limaces et
d'autres insectes ; il mange de suite de
20 à 30 cantharides.

Fig. 32. — Carabe doré,
ou Belle-Jardinière.

La taupe consomme chaque jour, en vers blancs ou larves
souterraines, une quantité égale à 3 ou 4 fois le poids de son
corps. Cet animal est essentiellement carnivore. Comme il ne

peut supporter un jeûne de plus de 12 heures sans périr, il chasse avec une persévérance infatigable. Les dégâts qu'il cause parfois en établissant ses galeries, ne sont rien au prix des services qu'il rend. Détruire la taupe, c'est favoriser la production de la race malfaisante.

La musaraigne détruit par jour une quantité d'insectes au

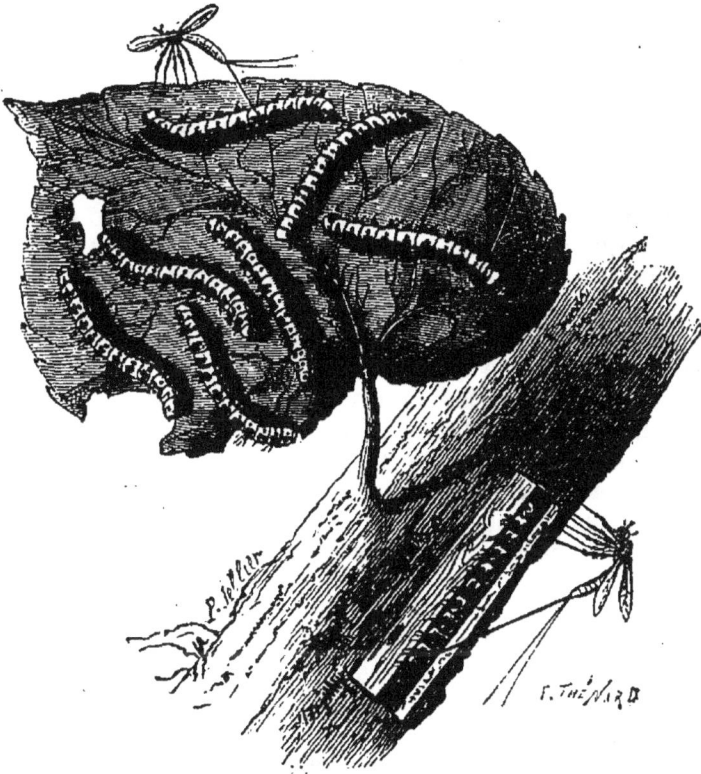

Fig. 33. — Ichneumon poursuivant les chenilles.

moins égale à deux fois le poids de son corps. Elle se distingue aisément des souris par sa tête longue, pointue; terminée par un museau grêle, semblable à une petite trompe, par ses yeux petits, ses oreilles courtes, et surtout par la lenteur de ses mouvements qui contraste avec la vivacité de la souris : on dirait une petite taupe à longue queue.

Les chauves-souris sont essentiellement insectivores; elles détruisent beaucoup d'insectes nocturnes, particulièrement le papillon de la chenille processionnaire, si dangereuse par ses longs poils cassants dont le contact cause de graves accidents à l'homme et aux animaux. Une chauve-souris de taille ordinaire mange une douzaine de hannetons de suite sans être rassasiée. (Gloger.)

Les couleuvres, les lézards, les crapauds et les grenouilles se nourrissent aussi de matières animales et d'insectes.

Conseils aux enfants des campagnes.

Vous avez sans doute lu, mes chers enfants, cette phrase dans vos manuscrits de lecture : Voulez-vous plaire et être aimés, soyez bons. Tous, vous avez formé la résolution, que quelques-uns déjà mettent en pratique, de devenir aimables et bons. Mais la bonté ne consiste pas seulement à être prévenants envers vos parents et respectueux envers vos maîtres, à ne pas contrarier vos frères ou vos sœurs, à avoir des rapports agréables avec vos camarades ; elle se manifeste encore par de bons traitements envers les animaux domestiques et la commisération pour les oiseaux et autres petits animaux inoffensifs, qui ne peuvent se venger des cruautés qu'on leur fait souffrir.

Lorsqu'il arrive qu'un de vos compagnons vous fait du mal en jouant, alors même qu'il n'y a pas de sa volonté, vous courez vous plaindre à vos parents, à vos maîtres, afin que le coupable soit châtié. De quel droit réclamez-vous justice et protection, si vous êtes méchants pour les animaux et surtout pour les petits oiseaux, ces innocentes créatures qui nous charment par leurs chants, leur joli plumage et la gentillesse de leurs mouvements, et qui nous débarrassent gratuitement des chenilles hideuses, des vilaines sauterelles, des mouches effrontées ; des cousins si importuns et d'une foule d'autres insectes dégoûtants.

Un homme célèbre a dit : « L'oiseau peut vivre sans l'homme, mais l'homme ne pourrait vivre sans l'oiseau. » En effet, s'il n'y avait plus d'oiseaux, les insectes dévoreraient tout, détruiraient tout ce qui a vie.

Pour vous donner, mes amis, une idée de la puissance dévastatrice des insectes, je vais vous raconter ce que les voyageurs ont écrit sur les mœurs des termites, appelés aussi fourmis blanches, poux de bois, et sur les grosses fourmis du Midi. « Les termites élèvent des fourmilières que de loin on pourrait prendre pour des cabanes de nègres, et si solides, que non-seulement plusieurs hommes y montent sans rien ébranler ; mais les taureaux sauvages s'y établissent en vedettes pour voir, par-dessus les hautes herbes, si le lion ou la panthère ne surprend pas le troupeau. Ces insectes ont une reine qui est leur mère commune, épouvantablement féconde, d'où sort non interrompu un flux d'environ 60 œufs par minute ou 80,000 œufs par jour. Si toutes les espèces ne travaillaient à les détruire, cette mère vraiment prodigieuse les ferait maîtres du monde et même ses seuls habitants, les poissons resteraient seuls, mais les insectes eux-mêmes périraient, car la mère termite fait en

un jour ce que la mère abeille ne peut faire qu'en un an. Quand
les termites s'approchent de l'habitation de l'homme, il n'est
guère de moyens d'arrêter leurs ravages. Ils travaillent avec une
rapidité, une vigueur incroyables. On les a vus en une nuit
percer en longueur tout un pied de table, puis la table même
dans son épaisseur, et, toujours perçant, descendre par le pied
opposé. On s'imagine aisément l'effet d'un pareil travail poussé
à travers les solives et la charpente d'une maison. Le pis, c'est
qu'on est longtemps avant de s'en apercevoir. On continue
de se fier à des appuis minés qui tout à coup croulent un matin;
on dort paisible sous des toits qui demain ne seront plus. La
ville de Valencia dans la Nouvelle-Grenade, minée par les souterrains qu'ils ont faits dans la terre, est suspendue maintenant
sur ces dangereuses catacombes. Ces terribles rongeurs ont été
apportés par les vaisseaux à la Rochelle. Des édifices entiers de
cette ville se trouvent ainsi maintenant rongés sans qu'il y paraisse, tous les bois creusés, évidés, jusqu'aux rampes des esca-
liers ; n'appuyez pas trop, elles cèdent, s'affaissent sous votre
main. .

  Comme les termites, les grosses fourmis du Midi font sous
les zones tropicales de remarquables édifices. En quelques heures,
elles dépouillent un grand oranger, lui enlèvent entièrement
toutes ses feuilles. Elles ravagent en une nuit un champ de
coton, de manioc ou de cannes à sucre. Ces fourmis, bien plus
âpres que celles d'Europe, se sentant dames et maîtresses,
craintes de tous, ne craignent personne, vont devant elles im-
perturbablement, sans se laisser détourner par aucun obstacle.
Qu'une maison soit sur leur passage, elles entrent, et tout ce qui
est vivant, même les énormes, venimeuses et redoutables arai-
gnées, même de petits mammifères, tout est dévoré. Les hommes
leur quittent la place. Mais si l'on ne veut pas quitter, l'invasion
est fort à craindre. Une fois, à la Barbade, on en vit une longue
colonne défiler pendant plusieurs jours dans un nombre épou-
vantable. Toute la terre en était noire et le torrent se dirigeait
précisément du côté des habitations. On les écrasait par centaines,
sans qu'elles y fissent attention; on en détruisait des milliers et
elles avançaient toujours. Nul mur, nul fossé n'eût servi; l'eau
même n'eût pu les arrêter; on sait qu'elles font des ponts vi-
vants, en s'accrochant les unes aux autres comme en grappes
ou en guirlandes. Heureusement on imagina de semer d'avance
sur le sol de petits volcans, de petits amas de poudre qui, de
distance en distance, sautaient sous elles, emportaient des files
et dispersaient les autres, les couvraient de feu, de fumée, les
aveuglaient de poussière. Cela réussit : du moins elles se détour-
nèrent un peu et passèrent d'un autre côté.

  Si nous avons le bonheur, mes enfants, d'être éloignés du
voisinage de ces terribles fourmis, nous avons cependant à nous

tenir en garde contre les ravages d'insectes bien redoutables. La cécidomye, l'alucite et le charançon nous menacent de la famine en dévastant nos blés ; la pyrale porte la désolation dans nos vignes ; les chenilles, dans certaines années, sont si nombreuses, qu'elles anéantissent nos récoltes de fruits et compromettent la santé des arbres. Il n'y a pas bien longtemps, les sauterelles faisaient tant de dégâts dans l'Oisans, qu'on accorda des primes aux personnes qui aideraient à la destruction de cette vermine. Mais ce n'est pas une besogne bien agréable que de ramasser ces insectes nauséabonds. Les hannetons, qui causent de si grands ravages comme vers blancs et comme insectes parfaits, semblent défier l'homme ; ils volent jusque dans les rues des villages et s'attaquent impudemment aux arbres de nos places publiques.

Nous vivons donc entourés d'ennemis que nous sommes dans l'impuissance de combattre efficacement. Qui nous secourra dans ce besoin pressant? Qui nous vengera de l'insecte? Les oiseaux et quelques autres petites bêtes, rendues si timides par l'ingratitude de l'homme, qu'elles n'osent accomplir leur tâche en sa présence.

Mais si l'homme est ingrat envers ses alliés, du moins l'enfant qui est faible, généreux, compatissant, s'est sans doute fait le protecteur de ces êtres bons et faibles comme lui. On aimerait à le croire ; malheureusement il n'en est rien, et c'est même le contraire qui a lieu.

Le croiriez-vous, mes amis? en France, les enfants détruisent annuellement plusieurs millions d'œufs ou de jeunes oiseaux? Vous seriez-vous jamais doutés que vous fissiez tant de victimes! Cependant il est facile de vous en convaincre. On compte dans notre patrie 37,510 communes. Supposons que, dans chacune, il ne se détruise par an que 50 nids de 6 œufs ou petits, nous trouverons une destruction totale de 11,253,000 œufs ou petits. Et ne détruit-on que 50 couvées d'oiseaux par village? Réfléchissez sur votre conduite, et vous verrez que ce chiffre est bien inférieur au nombre vrai. Voyez avec quelle habileté vous capturez les moineaux. Vous leur offrez une hospitalité trompeuse, en mettant à leur disposition des abris préparés pour recevoir leurs nids. Non contents de posséder les petits, vous tendez ensuite des piéges à la tendresse de leurs parents. Vous mettez dans une cage perfide un jeune moineau qui crie de faim et de peur. Le père et la mère du prisonnier et les moineaux libres du voisinage, émus de ces cris, accourent porter des aliments au pauvre petit. Mais, pour arriver jusqu'à lui, il faut pénétrer dans la cage d'où ils ne sortiront que pour mourir sous vos coups. Est-ce de la bonté que cette conduite? Et vous vous dites sensibles! vous pleurez en écoutant le récit d'une histoire touchante, vous vous attendrissez sur des infortunes imaginaires, lorsque de gaîté de cœur vous vous faites les bourreaux des petits oiseaux! Peut-être direz-vous : les moineaux sont très-nuisibles; chacun d'eux mange un boisseau de blé par an. Mon Dieu! il suffit de dire qu'un chien soit enragé pour que tout le monde lui jette des pierres. On calomnie le moineau, et de suite vous le condamnez à mort. Il mange, dites-vous, un boisseau, c'est-à-dire |12 litres 1/2 de blé par an. Or, un litre de blé contient de 11,500 à 46,500 grains, suivant l'espèce de froment; ce qui fait en moyenne, pour un boisseau, 362,500 grains. Et vous voudriez que ce petit oiseau avalât ce nombre formidable de grains dans le temps de la moisson et dans les courts moments où nos greniers lui sont ouverts? Vous n'avez pas réfléchi en répétant cette énormité. Ecoutez ce que dit du moineau M. de Valmer, président de la société protectrice : « Le moineau, si souvent calomnié et toujours réhabilité par l'impossibilité de s'en passer, le moineau rend à l'agriculture d'éminents services, en détruisant les hannetons et les chenilles dont les oiseaux à bec fin ne peuvent avoir raison. Dans ces dernières années, l'Australie, dévastée par les chenilles, résolut d'avoir recours aux moineaux pour s'en défaire; elle en fit venir un convoi d'Angleterre; mais ceux-ci, trop difficiles sans doute sur le choix du confortable, ne purent s'y acclimater; un grand nombre même moururent en route. C'est maintenant à l'Allemagne que le pays désolé vient de s'adresser, dans l'espoir que les pierrots prussiens sauront se mettre à la hauteur de l'œuvre qu'on veut leur confier. Je suppose que, pour cette campagne glorieuse, on choisira les descendants des moineaux fameux qui, bannis un moment par le grand Frédéric, sous prétexte qu'ils mangeaient ses cerises, furent bientôt rappelés et reçurent du souverain leurs lettres de naturalisation. » Voilà l'oiseau que vous, enfants, vous faites une gloire d'exterminer. Mais que reprochez-vous au rossignol, ce chantre harmonieux de la solitude; à la fauvette, cet hôte gracieux, si utile à nos jardins; à l'alouette, qui anime par ses chants nos plaines monotones? De quels méfaits sont coupables le rouge-gorge, aimable compagnon du bûcheron; la bergeronnette, amie des troupeaux et du laboureur, qu'elle suit dans les sillons; le joli chardonneret, ennemi des mauvaises semences, et le roitelet, ce chantre des chaumières? Cependant ils ne trouvent pas grâce devant vous!

Oh! je vous en prie, mes petits amis, cessez cette guerre insensée que vous faites au peuple ailé! Souvenez-vous de ce précepte des saintes Ecritures : « Si en te promenant, tu trouves en ton chemin, sur un arbre ou à terre, un nid d'oiseaux, et la mère couvant les petits ou les œufs, tu ne prendras point la mère, ni les petits ni les œufs, mais tu les laisseras en liberté, pour qu'il ne te mésarrive et que tu vives longtemps. » Et si, par malheur, cette divine parole ne faisait aucune impression sur vos cœurs, que du moins votre intérêt matériel vous touche. La destructioe des nids et des oiseaux constitue un délit de chasse passible d'une amende de 16 fr. à 600 fr., et en cas de récidive, d'un emprisonnement de 6 jours à 3 mois.

N'usez point, non plus, de brutalité envers les animaux domestiques, ces serviteurs dévoués qui nous consacrent leurs forces, leur lait, leur toison, qui nous procurent une nourriture vivifiante, et dont nous utilisons même les dépouilles.

Imitons la conduite de nos ancêtres dans leur mansuétude pour les bêtes utiles. « Toucher au nid d'une hirondelle, tuer un rouge-gorge, un roitelet, un grillon, un hôte du foyer champêtre, un chien vieilli au service de la famille, c'était, dans leur naïve croyance, une sorte d'impiété qui ne manquait pas d'attirer à sa suite quelque malheur. »

Dieu a mis dans le cœur de l'homme, de l'enfant surtout, des sentiments de douceur pour les êtres inférieurs ; appliquons-nous, mes chers amis, à les conserver dans toute leur pureté.

AIDE-MÉMOIRE.

Il est, en agriculture, des petites connaissances d'une utilité pratique ; il est des choses qu'on oublie aisément, et qu'ensuite on est fort embarrassé de trouver au jour du besoin. Pour en faciliter les recherches, on a réuni dans ce chapitre les notions les plus usuelles, publiées par des auteurs très-compétents en cette matière. Les tableaux Nos 1, 7, 8, 12, 13, 17, 18, 19, 20, 23, 24, 25, 26, 27, 28, 32, sont extraits du *Bon fermier*, par M. Barral, ouvrage éminemment pratique, qu'il est à désirer de voir entre les mains de tous les cultivateurs. Les tableaux Nos 2, 3, 4, 5, 6, 9, 10, 11, 14, 15, 16, 21, 22, 29, 30, 31, 33, 34, 35, 36, 37, 38 et 39, sont tirés de l'*Année agricole*, par M. Heuzé, ouvrage remarquable dans lequel sont enregistrés les progrès de l'agriculture contemporaine. Le tableau N° 40 a été composé par le fondateur et éditeur du *Sud-Est*.

SUPPLÉMENT.

N° 1.

Poids des terres, des amendements et des engrais.

	POIDS DU MÈTRE CUBE. KILOGRAMMES.	
Terre de bruyère	614 à	643
Terre végétale	1.214	1.285
Terre forte graveleuse	1.357	1.428
Terre argileuse glaise	1.657	1.756
Vase	1.640	1.800
Terre mêlée de sable et de gravier	1.860	»»
Terre mêlée de petites pierres	1.910	»»
Argile mêlée de tuf	1.990	»»
Terre grasse mêlée de cailloux	2.290	»»
Sable fin et sec	1.399	1.418
Sable fin et humide	1.900	»»»
Sable fossile et argileux	1.713	1.799
Sable de rivière humide	1.771	1.856
Gravier cailloutis	1.371	1.485
Terreau	828	857
Marne	1.571	1.642
Chaux vive sortant du four	800	857
Chaux éteinte, en pâte ferme	1.328	1.428
Pierre à plâtre crue	1.899	2.299
Id. id. cuite, battue	1.199	1.228
Id. id. id. tamisée	1.242	1.357
Os naturels	480	600
Os calcinés	260	280
Fumier gras de bœuf, fermenté	775	»»
Fumier frais de bœuf	640	»»
Fumier gras de cheval	515	»»
Fumier frais de cheval	400	»»
Boues fraîches des villes	1.200	»»
Boues desséchées des villes	800	900
Colombine	400	450
Poudrette	650	670
Cendres de bois non lessivées	500	600
Cendres de bois charrées ou lessivées	700	750

N° 2.

Prix du transport de 100 kilos de terre.

NOMS des INSTRUMENTS DE TRANSPORT.	DISTANCES A PARCOURIR.		
	100 mètres.	500 mètres.	1,000 mètr.
Panier contenant 10 kilogrammes.	0 fr. 51	0 fr. 52	0 fr. 58
Hotte — 50 —	0, 28	0, 40	0, 46
Brouette — — —	0, 42	0, 43	0, 48
Tombereau	0, 05	0, 06	0, 21

No 3.

Quantité de fumier produite annuellement par les animaux domestiques.

	MOYENNE PAR TÊTE.
Chevaux...........................	10,280 k.
Bœufs de travail	9,400
Vaches à l'étable.......................	11,450
Bêtes à laine	550
Porcs	1,120

No 4.

Quantité de fumier qu'on peut fabriquer avec 100 kilos de paille, de foin, etc.

	kil.		kil.
Paille de froment		Foin de luzerne.........	
— de seigle.........		— de sainfoin........	
— d'avoine.........		— de vesce..........	150
— de sarrasin	160	— de trèfle.........	
— de féverole......		— de jarosse........	
— de colza.........		Feuilles et tiges vertes	
— de navette.......		de trèfle.............	
— de maïs		— — de sainfoin ..	
Betterave.............	35	— — de vesce.....	45
Pomme de terre........	50	— — de luzerne...	
Carotte	30	— — de jarosse....	
Topinambour..........	40	— — de lupuline ..	
Navet...............	24	— — de chou	
Rutabaga.............	30	— — de navet.....	
Foin de prairies	150	— — de betterave .	20
		— — de carotte ...	

Ces chiffres indiquent la quantité sur laquelle on peut compter lorsque le fumier a séjourné deux à trois mois dans une fosse ou sur une plate-forme.

No 5.

Quantité d'engrais remplaçant 10,000 kilos de fumier.

	kil.		kil.
Chiffons de laine	250	Marc de colle	1.000
Plumes...............	260	Sang liquide	1.400
Râpures de cornes......	270	Hareng frais	1.400
Guano du Pérou	280	Poudrette	2.200
Poils et crins	290	Noir animal..........	2.800
Viande desséchée.......	300	Vidanges............	3.000
Sang sec	320	Engrais Lainé	3.400
Poudre de poisson......	330	Buis	3.500
Viande et os en poudre..	400	Navette en fleurs	5.500
Guano d'Ichaboé	450	Urine humaine	5.500
Colombine.............	500	Crottin de mouton	5.500
Poudre d'os	550	— de cheval	7.700
Tourteau d'œillette	580	Lupin en fleurs	9.000

	kil.		kil.
Tourteau d'arachide.....	660	Roseau frais	10.000
Guano du Chili.........	710	Spergule en fleurs	10.000
Tourteau de sésame (ca-		Trèfle................	11.000
meline)	710	Engrais flamand	20.000
Tourteau de colza.......	710	Sarrasin en fleurs.......	25.000
Engrais Derrien	830		

Ces diverses quantités n'ont une valeur réelle qu'autant qu'on a égard à la promptitude avec laquelle l'engrais se décompose. Lorsqu'une matière se décompose lentement, comme les chiffons, les os, etc., on doit doubler, tripler, et même quadrupler la quantité inscrite, suivant qu'elle agit pendant deux, trois ou quatre années.

No 6.
Quantité de fumier à appliquer par hectare.

Les plantes agricoles enlèvent au sol, par chaque 100 kilos de produits qu'elles fournissent, les quantités suivantes et approximatives de fumier.

	kil.		kil.
Blé...................	640	Carotte...............	60
Seigle	630	Rutabaga.............	50
Avoine...............	600	Chou................	50
Orge.................	560	Colza................	1.050
Maïs.	610	Pavot................	1.100
Sarrasin..............	600	Garance..............	2.000
Betterave.............	65	Tabac...............	4.000
Pomme de terre........	100	Chanvre..............	6.000

D'après ce tableau, la fumure nécessaire pour un assolement de quatre ans, ainsi formé : 1° betteraves; 2° blé trémois; 3° trèfle; 4° blé d'hiver, et qui aurait produit par hectare 40,000 kilos de betteraves, 30 hectolitres de blé de mars et 25 hectolitres de blé d'hiver, devra se composer (en exprimant en quintaux métriques le poids de ces divers produits), de : 400 quintaux de betteraves $\times$ 65 = 260

$$\begin{array}{rllr} 24 & - & \text{de blé} & \times 640 = 153 \\ 20 & - & - & \times 640 = 128 \end{array}$$

Soit en tout, pour les quatre années :　541 quintaux métriques.

No 7.
Prix de revient d'un mètre courant de drainage.

	MINIMA. centimes.	MAXIMA. centimes.
Étude préalable........................	1.93	3.00
Honoraires du draineur.................	1.61	5.67
Valeur des tuyaux.....................	6.00	10.48
Charroi des tuyaux	0.54	1.00
Fouille des tranchées	5.00	44.48
Fosse des tuyaux et remplissage..........	4.00	15.80
Usure des outils......................	0.30	3.10
TOTAUX.....	19.38	83.43

En général, on compte 1,000 mètres de drains par hectare.
Le drainage d'un hectare de terre peut donc coûter de 193 fr. 80 c. à 834 fr. 30 c.

No 8.
Durée moyenne de la gestation du bétail.

Les juments portent 336 jours.　Les chèvres....... 155 jours.
Les ânesses....... 350　Les brebis........ 155
Les vaches .... 280　Les truies........ 112

No 9.
Durée moyenne de l'incubation.

Poule couvant ses œufs.................... 21 jours.
— — des œufs de cane .... 26 —
Dinde couvant ses œufs .... 26 —
— — des œufs de poule .... 24 —
— — des œufs de cane........... 27 —
Cane couvant ses œufs .... 30 —
Oie couvant ses œufs .... 30 —
Pigeonne couvant ses œufs .... 18 —

No 10.

Tableau synoptique des 36 races bovines, classées par ordre de valeur.

NOTA. — Dans ce tableau, la lettre A signifie aptitude excellente; B, aptitude faible; C, aptitude mauvaise; les chiffres indiquent le rang de chaque race dans les diverses catégories.

RACES.	Travail.	Lait.	Chair.	Aptitude totale.
1. Aubrac	2 a	10 b	11 b	23
2. Cholletaise.	7 a	12 b	5 a	24
3. Bretonne ..	9 a	3 a	13 b	25
4. Salers	1 a	8 b	19 b	28
5. Vendéenne.	10 a	13 b	7 a	30
6. Limousine.	6 a	27 c	6 a	39
7. Guingamp..	11 a	6 a	23 b	40
8. Vallée d'Auge	32 c	2 a	8 a	42
9. Limagne...	24 b	7 b	12 b	43
10. Cotentine..	31 c	4 a	9 b	44
11. Charolaise.	29 c	17 b	1 a	47
12. Mont-Dore.	18 b	9 b	20 b	47
13. Mézenc ...	5 a	28 c	16 b	49
14. Ségalas ...	4 a	31 c	15 b	50
15. Agenaise ..	27 b	23 c	2 a	52
16. Gers	16 b	15 b	21 b	52
17. Mancelle ..	26 b	22 c	4 a	52
18. Gasconne ..	17 b	16 b	22 b	55
19. Fémeline...	28 c	18 b	10 b	56
20. Bazadaise..	14 a	24 c	18 b	56
21. Quercy	21 b	11 b	25 b	57
22. Tourache ..	13 a	21 a	24 b	58
23. Charolaise..	8 a	26 c	28 c	62
24. Morvandelle	3 a	29 c	31 c	63
25. Bressanne..	22 b	19 b	30 c	71
26. Camargue..	12 a	30 c	32 c	74
27. Saintongeoise	19 b	32 c	27 c	78
28. St-Girons ..	»	20 b	14 b	»
29. Lourdes ...	»	»	»	»
30. Rennoise ..	»	5 a	17 b	»
31. Nérac	»	»	26 c	»
32. Bourbonnaise	25 b	»	»	»
33. Flamande ..	30 c	1 a	3 a	»
34. Nivernaise..	23 b	14 b	»	»
35. Landaise...	15 b	25 c	»	»
36. Ariégeoise..	20 b	»	29 c	»

La race du Villard-de-Lans ne figure pas dans ce tableau dressé par M. Heuzé, pour l'année agricole 1861, parce qu'alors cette race n'était pas classée officiellement parmi celles qui ont droit à des primes spéciales dans les concours régionaux. Mais les aptitudes remarquables de cette race pour le travail, pour la production du lait et pour l'engraissement, lui assureront une des premières places dans la nouvelle classification de l'espèce bovine de France.

No 11.
Laiterie.

Une vache donne, en moyenne par jour, après son vêlage, pendant les 60 premiers jours 10 lit. de lait.

90 suivants .... 8 —
60 — .... 6 —
30 — .... 4 —
40 — .... 3 —

soit pendant 280 jours 1920 litres.

Les produits moyens extrêmes qu'on a signalés sont :
produit minimum ... 1,489 litres.
produit maximum ... 2,662 litres.

100 litres de lait donnent en moyenne 12 litres de crème ;
100 litres de crème donnent 25 kilos de beurre ;

Il faut en moyenne pour fabriquer un kilo de beurre :
Lait........... 34 litres.
Crème........ 4 —

100 litres de lait donnent 40 kilos de fromage frais et 60 livres de petit-lait.

No 12.

Table de M. Mathieu de Dombasle pour la détermination du poids des quatre quartiers, par le mesurage d'un bœuf.

MESURE métrique.	POIDS en kilogr.	MESURE métrique.	POIDS en kilogr.	MESURE métrique.	POIDS en kilogr.	MESURE métrique.	POIDS en kilogr.	MESURE métrique.	POIDS en kilogr.
m.		m.		m.		m.		m.	
1.81	175	2.»	235	2.19	308	2.38	400	2.57	500
1.82	178	2.01	239	2.20	312	2.39	405	2.58	506
1.83	181	2.02	242	2.21	316	2.40	410	2.59	512
1.84	184	2.03	246	2.22	320	2.41	415	2.60	518
1.85	187	2.04	250	2.23	325	2.42	420	2.61	525
1.86	190	2.05	253	2.24	330	2.43	425	2.62	531
1.87	193	2.06	257	2.25	335	2.44	430	2.63	537
1.88	196	2.07	260	2.26	340	2.45	435	2.64	543
1.89	200	2.08	264	2.27	345	2.46	440	2.65	550
1.90	203	2.09	267	2.28	350	2.47	445	2.66	556
1.91	206	2.10	271	2.29	355	2.48	450	2.67	562
1.92	209	2.11	275	2.30	360	2.49	455	2.68	568
1.93	212	2.12	279	2.31	365	2.50	460	2.69	575
1.94	215	2.13	283	2.32	370	2.51	465	2.70	581
1.95	218	2.14	287	2.33	375	2.52	470	2.71	587
1.96	221	2.15	291	2.34	380	2.53	475	2.72	593
1.97	225	2.16	295	2.35	385	2.54	481	2.73	600
1.98	228	2.17	300	2.36	390	2.55	487	»	»
1.99	232	2.18	304	2.37	395	2.56	493	»	»

No 13.

Tableau de M. Parant pour la détermination du poids de viande nette des veaux, par le mesurage.

MESURE métrique.	POIDS du veau.	MESURE métrique.	POIDS du veau.	MESURE métrique.	POIDS du veau.	MESURE métrique.	POIDS du veau.	MESURE métrique.	POIDS du veau.
m.	k.	m.	k.	m.	k.	m.	k.	m.	k.
0.81	18.4	0.88	25.»	0.95	31.4	1.02	37.7	1.09	44.5
0.82	19.3	0.89	25.9	0.96	32.2	1.03	38.6	1.10	45.6
0.83	20.3	0.90	26.8	0.97	33.»	1.04	39.6	1.11	46.7
0.84	21.3	0.91	27.7	0.98	33.9	1.05	40.6	1.12	47.8
0.85	22.2	0.92	28.7	0.99	34.6	1.06	41.6	1.13	48.9
0.86	23.1	0.93	29.5	1.»»	35.3	1.07	42.5		
0.87	24.»	0.94	30.5	1.01	36.5	1.08	43.5		

Lorsqu'on veut procéder au cubage d'un bœuf ou d'un veau, celui qui opère se place près de l'épaule gauche de l'animal, et tenant d'une main, sur le garrot de l'animal, l'une des extrémités d'un cordon divisé en centimètres, il place l'autre extrémité entre les deux jambes de la bête par exemple derrière la jambe gauche et en avant de la jambe droite; un aide, placé de l'autre côté de l'animal, prend cette dernière extrémité de la mesure, en avant de la jambe droite, et, la faisant remonter sur le plat de l'épaule droite, la donne au premier, qui réunit les deux extrémités sur le garrot, entre les parties les plus élevées des deux omoplates. Du côté où la mesure passe, en arrière de l'une des deux jambes, elle doit remonter immédiatement derrière l'épaule, et du côté où elle passe en avant, elle remonte sur le plat de l'épaule.

Pour connaître ensuite le poids de l'animal, il suffit de lire, dans l'une des tables qui précèdent, le poids correspondant à la longueur trouvée..

Tableau, par ordre alphabétique, des principales plantes prairiales et fourragères.

NOMS DES PLANTES.	NATURE DU SOL ET QUALITÉS DES PRODUITS.
Anthyilide vulnéraire......	Terrains quelconques, même stériles. — Pâturages.
Agrostis (florin)..........	Terrains quelconques. — Fourrage fin et délicat; végétation permanente.
Agrostis d'Amérique.......	Terrains humides et tourbeux. — Produits abondants et de bonne qualité.
Agrostis traçante	Terrains quelconques. — Produits de bonne qualité; ne peut être fauchée; bonne pour pâturage.

NOMS DES PLANTES.	NATURE DU SOL ET QUALITÉS DES PRODUITS.
Avoine élevée (fromental) ..	Terrains plutôt secs que trop humides. — Produits abondants.
Betterave...............	Terrains frais, meubles et riches. — Aimée du bétail; produits abondants.
Betterave blanche de Silésie	Terrains frais. — La plus sucrée; très-propre pour la saccharification; résidu avantageux pour l'engraissement.
Brize tremblante..........	Terrains sablo-argileux très-arides. — Fourrage fin et délicat.
Brôme dressé............	Terrains secs. — Avantageux pour pâturage; fourrages un peu dur, mais abondant.
Brôme de Schrader	Terrains frais, semer printemps et automne. — Bon fourrage.
Canche flexueuse	Terrains secs et élevés. — Utilisée surtout pour pâturages.
Carotte.................	Terrains frais, meubles et riches. — Feuillage aromatique propre à toute espèce de bétail.
Chicorée	Terrains quelconques. — Fourrage vert, abondant; précieuse surtout pour le pâturage des porcs.
Chou. Colza. Navette......	Terres fraîches, argileuses et bien fumées. — Employés exclusivement pour fourrages verts.
Chou-navet (Rutabaga)	Terrains humides, riches et substantiels. — Aliment très-nutritif; récolter à mesure de la consommation.
Dactyle pelotonné........	Terrains quelconques. — Excellent pour pâturages; produits abondants et de bonne qualité.
Elyme des sables	Terres très-sablonneuses.—Donnée pour fourrage vert et pour pâturages; cette plante, dont les racines nombreuses tracent beaucoup, est aussi utilisée pour retenir les terres.
Fétuque des prés	Terres humides. — Produits abondants et de bonne qualité.
Fétuque traçante.........	Terrains arides. — Pâturages.
Fléole des prés (Timothy)..	Terrains frais, quelle qu'en soit la nature. — Produits abondants et de bonne qualité.
Flouve odorante..........	Terrains quelconques. — Grande précocité; odeur aromatique; faibles produits.
Gesse cultivée...........	Terrains quelconques non argileux ou humides. — Bon fourrage.
Houque laineuse..........	Terres fraîches. — Produits excellents et abondants.

NOMS DES PLANTES.	NATURE DU SOL ET QUALITÉS DES PRODUITS.
Igname................	Terrains de bonne qualité. — Produits abondants et nutritifs; récolte difficile à cause de la profondeur des racines.
Ivraie d'Italie............	Terres fraîches, sablonneuses, non calcaires. — Fourrage très-nourrissant, excellent pour pâturages; produits abondants.
Ivraie vivace (Ray-grass.)..	Terrains bas et frais. — Fourrage très-nourrissant; avantageux pour pâturages.
Lotier corniculé	Terrains arides. — Produits avantageux.
Lupuline (minette dorée) ...	Terrains légers et calcaires, quoique médiocres. — Est d'un emploi aussi avantageux sur les terres à seigle, que le trèfle sur les terres à froment.
Lupin................	Terrains quelconques, même stériles. — Utilisé pour fourrage vert; précieux comme engrais vert.
Lentille	Terrains calcaires. — Fourrage de bonne qualité.
Luzerne...............	Terres franches et profondes. — Produits considérables et excellents.
Maïs.................	Terres légères ou fortes, sans excès d'humidité. — Fourrage abondant, bon mais peu nutritif, consommé en vert le plus ordinairement.
Mélilot...............	Terrains quelconques non humides. — Odeur aromatique aimée du bétail; plante utilisée pour pâturage et pour fourrage vert.
Mélique	Terrains pierreux et arides. — Pâturages; fourrage fin, mais peu abondant.
Millefeuille	Terrains arides. — Pâturages.
Navet (Turneps)	Terrains meubles et riches. — Moins nourrissant que les autres racines; consommation prompte après l'arrachage.
Orge escourgeon.........	Terre de bonne qualité. — Avantageux comme fourrage vert.
Orge des prés	Terrains bas, frais et meubles. — Bon fourrage, mais qui doit être fauché de bonne heure.
Panais	Terrains calcaires de bonne qualité. — Racines aromatiques fort goûtées du bétail, végétation vigoureuse, récolte à mesure des besoins.
Panais élevé (herbe de Guinée).	Terre substantielle, plutôt légère que forte. — Produits abondants.
Paturin flottant ou brouille .	Terrains marécageux. — Bon surtout pour fourrage vert.

NOMS DES PLANTES.	NATURE DU SOL ET QUALITÉS DES PRODUITS.
Paturin commun...........	Terrains arides. — Fourrage excellent.
Paturin des prés..........	Terrains frais. — Fourrage excellent.
Paturin des bois	Terrain frais. — Fourrage peu abondant.
Phalaris fléole.............	Terrains élevés, quoique peu fertiles.
Phalaris roseau	Terrains aquatiques. — Employé seulement pour fourrage vert et pour litière.
Pimprenelle..............	Terrains arides ou pauvres. — Utilisée pour fourrage vert; les moutons seuls l'aiment desséchée.
Pomme de terre	Terrains quelconques, sous un climat frais. — Produits avantageux et nutritifs.
Sainfoin.................	Terrains calcaires. — Produits abondants et d'excellente qualité.
Sarrasin.................	Terres légères ou sablonneuses sans excès d'humidité. — Excellent comme fourrage vert.
Seigle...................	Terrains légers. — Utilisé seulement pour fourrage vert.
Serradelle	Terrains arides. — Produits abondants, utilisés comme fourrage vert, parce que cette plante végète durant tout l'été.
Sorgho..................	Terrains riches. — Produits abondants à consommer en vert.
Spergule	Terrains sableux, frais. — Point du tout exigeante et très-améliorante.
Topinambour	Terrains légers. — Produits excellents; arrachage en hiver, à mesure des besoins.
Trèfle ordinaire..........	Terrains frais et profonds. — Produits abondants et de bonne qualité.
Trèfle blanc	Terrains quelconques. — Précieux pour rajeunir les vieilles prairies.
Trèfle rouge ou farouche ..	Terres légères. — Produits précoces et abondants; bon fourrage vert.
Vesce commune	Terrains légers et de moyenne humidité. — Végète sans engrais et débarrasse le sol des mauvaises herbes.
Vulpin des prés..........	Terrains frais quelconques. — Produits abondants; excellent pour pâturage.
Vulpin des champs	Terrains élevés, quoique médiocres. — Plante annuelle, faible produit.
Vulpin genouillé.........	Terrains marécageux. — Difficile à faucher, ne peut être que brouté, faible produit.

Nº 14.

Valeur nutritive des fourrages.

Tous les fourrages n'ont pas la même valeur nutritive. Leur faculté a été déterminée par les expériences ou par l'analyse. L'unité prise comme point de comparaison est la propriété par laquelle la partie alibile d'un foin de prairie naturelle de parfaite qualité se convertit en la substance de l'animal auquel on l'administre. Tous les aliments ont été rapportés à ce fourrage; et, d'après les effets qu'ils ont produits, on leur a appliqué un chiffre représentant leur valeur nutritive.

Voici les moyennes des résultats que l'on a constatés :

Végétaux classés selon leur nature.

Foins.

Prairies naturelles. Type ...	100
Sainfoin	89
Luzerne	93
Vesce	97
Trèfle	97
Ray-grass	130

Regains.

Prairies naturelles	103
Trèfle	97

Paille.

Millet	190
Sarrasin	206
Avoine	222
Orge	243
Maïs	300
Froment	341
Seigle	434

Fanes sèches.

Féverole	140
Pois	153
Vesce	159
Lentille	160

Feuilles sèches.

Tilleul	93
Orme	93
Peuplier	100
Frêne	100
Chêne	111
Érable	125
Acacia	142

Tiges et feuilles vertes.

Seigle	150
Ajonc	198
Maïs	275
Spergule	413

Trèfle incarnat	420
Trèfle rouge	427
Sarrasin	438
Sainfoin	446
Pois gris	450
Luzerne	456
Vesce	456
Colza	475
Navet	500
Chou	546
Betterave	600

Graines ou semences.

Maïs	41
Seigle	46
Sarrasin	52
Orge	52
Avoine	55

Fruits.

Châtaignes	47
Faines	66
Marrons d'Inde	66
Glands	17

Sons.

Froment	81
Seigle	83

Racines.

Carotte	279
Chou-navet	318
Betterave	331
Rutabaga	340
Navet	523

Tubercules.

Pomme de terre	204
Topinambour	222

Résidus.

Distillerie de grains	100

Végétaux classés selon leur puissance alimentaire.

Végétaux classés par ordre alphabétique.

Féverole, fanes sèches	140	Prairies, regain	130
Frêne, feuilles sèches	100	Raisin, marcs	312
Froment, son	81	Ray-grass, foin	130
Froment, paille	341	Rutabaga, racines	340
Glands	17	Sainfoin, foin	89
Lentille, fanes sèches	160	Sainfoin vert	446
Lin, tourteaux	62	Sarrasin, grains	52
Luzerne sèche	93	Sarrasin vert	438
Luzerne verte	456	Sarrasin, paille	206
Maïs, grains	41	Seigle, grains	46
Maïs, tiges et feuilles vertes.	275	Seigle, son	83
Maïs paille	300	Seigle, vert	150
Marrons d'Inde	66	Seigle, paille	434
Millet, paille	190	Sésame, tourteaux	66
Navet, feuilles vertes	507	Spergule verte	413
Navet, racines	523	Sucrerie, résidus	243
Orge, grains	52	Tilleul, feuilles sèches	93
Orge, paille	243	Topinambour, tubercules	222
Orme, feuilles sèches	93	Trèfle, foin	97
Pavot, tourteaux	70	Trèfle, regain	97
Peuplier, feuilles sèches	100	Trèfle incarnat, vert	420
Pois, fanes sèches	153	Trèfle rouge, vert	427
Pois gris, tiges et feuilles vertes	450	Vesce, foin	97
		Vesce, fanes sèches	159
Pomme de terre, tubercules.	204	Vesce verte	456
Prairies naturelles, foin.Type.	100		

Ce tableau permet de déterminer quelle quantité de telle ou telle substance nutritive il faut donner au bétail pour remplacer tel ou tel aliment.

Si l'on veut remplacer 4 kilos de foin de prairies naturelles par des racines de betteraves, on cherche la moyenne de ces racines, qui est 331, et l'on établit la proportion suivante :

$$100 : 331 :: 4 : x, \text{ d'où } x = 13,24.$$

C'est donc 13 k. de betteraves qu'il faut donner pour que l'animal soit aussi bien nourri que s'il consommait 4 kil. de foin.

Si l'on voulait remplacer 10 kilos de foin par de la luzerne verte, il faudrait faire consommer de 45 à 46 kil. de ce fourrage vert.

Enfin, 4 kilos de foin pourraient être remplacés par 2 kilos et demi de tourteau de lin.

No 15.
Quantité de foin exigée par 100 kilos de poids vif.

	kilos.	kilos.		kilos.	hect.
Vaches, de	600 à 800..	2 »	Moutons, de 30 à 40		5
— —	400 à 550..	3 »	— de 50 à 60		4
— —	200 à 350..	3,5	Porcs, de 75 à 100		4
Bœufs à l'engr., de	400 à 800..	4 »	— de 40 à 60		5
— —	400 à 450..	5 »	— de 20 à 35		6
— —	200 à 350..	6 »	Cheval de trait		3

M. Alibert a démontré que les animaux de petite taille et les animaux jeunes appartenant à la même espèce et à la même race, exigeaient, en général, plus d'aliments que les animaux de grande taille et les animaux adultes appartenant aux mêmes espèces et races.

Nº 16.

Quantité de sel qu'on doit donner chaque jour aux animaux domestiques.

Bœuf à l'engrais....	80 à 120 gr.	Cheval................	25 à 30 gr.
Vache laitière......	50 à 60	Mouton à l'engrais...	2 à 4
Bœuf de travail.....	40 à 50	Brebis..............	1 à 2
Porc..............	30 à 40		

Nº 17.

POIDS DES PRINCIPALES SEMENCES. — QUANTITÉ A EMPLOYER PAR HECTARE. — RENDEMENT.

Plantes prairiales et exclusivement fourragères.

NOMS des PLANTES.	POIDS de l'hectol. de graine.	SEMENCE A EMPLOYER par hectare.	ÉVALUATION de la graine qu'on peut recueillir par hectare.	FOURRAGE RÉCOLTÉ PAR HECTARE.
Chicorée sauvage.........	35 kilogr.	12 kilogr.	25 hectol.	3,300 kilogrammes secs.
Choux pommés...........	70	2 à 3 hect. sur 2 ares. pour les plantes d'un h.		40,000 à 120,000 kilogr. de têtes de choux.
Choux non pommés		Id. Id.		50,000 à 60,000 kilogr. vert.
Ers..................	67	50 kilogrammes.	15 à 35 h.	2,500 à 4,000 kilogr. sec.
Fromental (avoine élevée)	79	Id.	25 hect.	3,300 kilogr. sec.
Jarosse...............	17	2 à 3 hectolitres.	15 à 35 h.	2,500 à 4,000 kilogr. sec.
Lentillon.............	81	120 à 150 litres.	Id. Id.	Id.
Lupuline..............	81	15 kilogrammes.	400 à 600 k.	3,000 à 4,000 kilogr. sec.
Luzerne..............	80	20 à 25 kilogrammes.	700 à 900 k.	6,000 à 10,000 kilogr. sec.
Moha de Hongrie	77	10 à 12 Id.		15,000 à 20,000 k. vert.—7,000 à 9,000 kilogr. sec.
Moutarde blanche......	64	12 à 15 Id.	15 hectol.	15,000 à 20,000 kil. vert.
Pastel...............	78	10 à 12 Id.		10,000 kil. sec.
Pimprenelle..........	11	30 Id.	25 hectol.	3,300 kil. sec.
Ray-grass commun.....	26	40 à 60 Id.	12 à 16 h.	3,000 à 10,000 kilogr. sec.
Ray-grass d'Italie.....	41	50 à 60 Id.	25 à 45 h.	6,000 à 10,000 kilogr. sec.
Sainfoin.............	26	125 à 160 Id.	12 à 30 h.	1,200 à 10,000 kil. sec.
Serradelle...........	31	25 à 30 Id.	12 à 35 h.	2,500 à 4,000 kilogr. sec.
Spergule............	46	12 à 18 Id.		10,000 à 12,000 kilogr. vert; 3,000 à 4,000 kilogr. sec.
Trèfle violet.........	63	15 à 20 Id.	360 à 1000 k.	6,000 à 9,000 kilogr. sec.
Trèfle incarnat ou farouche	79 6 en bourre.	20 à 25 k. de gr. mond.	35 à 60 h.	4,000 à 6,000 kilogr. sec.
Vulpin des prés	81 mondé. 11 kilogr.	6 à 12 h. de g. en bourre. 20 kilogrammes.	en bourre. 14 hectol.	2,500 à 3,000 kilogr. sec.

Le mètre cube de foin ordinaire et non tassé pèse 60 à 65 kilogrammes.

La récolte d'un hectare de bonnes prairies irriguées, en foin et regain, est de 4,000 à 5,000 kil., et occupe de 66 à 83 mètres cubes.

Le foin de trèfle et de sainfoin pèse de 70 à 90 kilos le mètre cube.

Céréales.

NOMS des CÉRÉALES.	Poids moyen de l'hectolitre de grains.	QUANTITÉ DE SEMENCE par hectare.	RENDEMENT EN GRAINS.			AUTRES PRODUITS.
			Minim.	Moyen.	Maxim.	
	kil.	litres.	hect.	hect.	hect.	
Avoine.........	47	220 à 300	21	40	67	3,000 k. de paille ; 15,000 à 20,000 k. de fourr. vert.
Blé............	76	120 à 350	9	12	40	2,600 à 6,000 kilogr. de paille.
Epeautre (velu) ..	42	400	»	40	84	3,000 kilogr. de paille.
Maïs............	67	30 à 40	30	45	60	20,000 à 40,000 kilogr. de fourrage vert.
Millet..........	70	30 à 38	»	32	»	3,900 kilogr. de paille.
Orge d'hiver	64	200 à 300	19	30	44	2,500 k. de paille ; 15,000 à 20,000 k. de fourr. vert.
Orge de printemps.	56	250 à 300	»	26	»	Id. Id. Id. Id.
Sarrasin........	58	50 à 140	»	15	60	1,000 à 2,400 k. de paille ; Id. Id.
Seigle	72	200 à 250	»	22	»	3,500 k. de paille ; 10,000 à 25,000 k. de fourr. vert.
Sorgho à balai....	44	25	»	51	»	8,000 kilogr. de tiges ; 4,200 kilogr. de balais.
Sorgho sucré	65	30	»	50	»	90,000 kilogr. de tiges vertes.

Lors de la récolte, le mètre cube de gerbes de blé pèse environ 100 kilogrammes ; le mètre cube de paille pèse en moyenne 70 kilogrammes.

En moyenne, dans le poids de la gerbe, le grain forme 34 pour 100, et la paille, la menue paille et les balles, 66 pour 100.

N° 19.

Rapports des pailles aux grains des Céréales et des plantes oléagineuses.

Sarrasin....⎫
Navette ....⎬ une fois 1/2 plus pesant de paille que de grains.

Avoine.....⎫
Orge ......⎬ deux fois   —   —   —
Froment....⎫
Seigle .....⎮
Maïs ......⎬ deux fois 1/2 —   —   —
Féverole ...⎮
Colza......⎭

N° 20.

Nombre de grains contenus dans un litre des diverses variétés de blé, et quantité de litres à semer par hectare, de chaque variété.

NOMS DES VARIÉTÉS DE BLÉS.	GRAINS contenus dans un litre.	LITRES à semer par hectare.
Blé de Mongolie......................	11.500	348
Richelle blanche	12.100	330
Blé de Saumur......................	13.460	297
Blé d'Odessa........................	13.480	296
Blé du Caucase	15.620	256
Richelle de mars	16.020	249
Blé blanc de Flandre	21.700	180
Aubain d'Odessa.....................	24.120	166
Aubain de Tangarock	25.320	158
Blé tendre d'Odessa	29.040	137
Blé tendre de Galatz	29.200	136
Seisette rouge de Toulon	38.800	104
Blé de Marianopoli	46.560	86

N° 21.

Quantité de farine et de son fournie par le blé.

Rendement en farine.

Le blé ordinaire ou de moyenne qualité, pesant en moyenne 78 kil. l'hectolitre, rend en farine, par 100 kilos........ 78 à 80 kilos. hectolitre .... 61 à 62 1/2.

Le méteil ou mélange de blé et de seigle donne, par 100 kilos........ 68 à 70 kilos. hectolitre .... 48 à 49 2/5.

Rendement en son ou issues.

Le blé donne par 100 kilos........ 20 à 22 kilos
hectolitre........ 15 1/2 à 17 »
Le méteil donne par 100 kilos........ 30 à 32 kilos
hectolitre........ 21 à 22,500 »
L'hectolitre de gros son pèse............. 17 à 19 kilos.

l'hect. de petit son. 20 à 24 kilos.
— recoupettes . 25 à 30 »
— remoulages . 42 à 45 »
On compte ordinairement par chaque 100 kilos de blé :
gros son............... 5 kilos.
petit son.............. 6 —
recoupettes............ 6 —
remoulages............ 5 —

Nº 22.

Quantité de pain fournie par la farine.

En moyenne, 100 kilos de farine donnent :
pâte........... 166 à 167 kilos.

ou pain........ 130 à 132 kilos.
100 kilos de blé donnent 102 1/2 à 104 kilos de pain.

Nº 23.

Plantes cultivées principalement pour leurs racines.

NOMS des plantes.	Poids de l'hect. de graines.	Semence à employ. par h.	QUANTITÉ de graines qu'on peut récolter.	RENDEMENT en Racines et Fourrages accessoires, par hectare.
	kil.	kil.		
Betteraves	25	4 à 5 en plac.	25 kilogr. pour 100 porte-graines.	17,000 à 100,000 k., en moy. 30,000 k. de rac., 11,000 k. de feuilles.
Carottes.	25	2 à 5	300 k. de grain. par hect., et porte-gr. à 0m50 de dist.	20,000 à 65,000 kil ; en moy. 45,000 k. de rac., 8,000 kil. de feuilles.
Panais.	20	3 à 5		40,000 kil. de racines.
Turneps.	»	1 à 5	14 kil. de graines pour 100 porte-gr.	20,000 à 50,000 kil. de racines.
Rutabagas	»	2 à 3		40,000 à 80,000 kil. de rac., 12,000 à 15,000 kil. de feuilles.

Betteraves. — Au moment de l'arrachage, le mètre cube pèse de 525 à 650 kilogr., mais après un séjour de quelque temps dans les silos, il ne pèse plus que 450 à 500 kilogr.

L'hectolitre mesuré ras pèse de 56 à 60 kilogr.; mesuré comble, il varie de 70 à 75 kil.

Carottes. — Le poids du mètre cube varie de 500 à 600 kil.

L'hectolitre mesuré ras pèse de 55 à 60 kil.; mesuré comble, il pèse environ 70 kil.

Turneps. — Le poids du mètre cube est de 450 à 500 kil.

L'hectolitre mesuré ras pèse de 48 à 52 kil.; mesuré comble, il pèse de 65 à 68 kil.

Rutabagas. — Le poids du mètre cube varie de 600 à 650 kilos.

L'hectolitre mesuré ras pèse de 58 à 60 kil.; mesuré comble, il pèse de 75 à 80 kil.

Nº 24.

Plantes cultivées pour leurs tubercules.

NOMS DES PLANTES.	QUANTITÉ de tubercules à planter par hectare.	PRODUITS.
	hectolitres.	
Pommes de terre.	18 à 40	7,000 à 26,000 k. de tubercules. 700 à 3,000 k. de fanes sèches.
Topinambour ...	15 à 25	8,000 à 55,000 k. de tubercules. 25,000 kil. de fourrage vert.

Pommes de terre. — Le mètre cube pèse de 630 à 680 kil.

L'hectolitre mesuré ras pèse de 60 à 67 kil.; mesuré comble, il varie de 75 à 80 kil.

Topinambours. — Le mètre cube pèse de 640 à 680 kil.

L'hectolitre mesuré ras pèse de 66 à 68 kil.; mesuré comble, il varie de 70 à 80 kil.

Nº 25.

Plantes légumineuses cultivées comme aliments pour les hommes et les animaux, et pour leurs tiges comme fourrage.

NOMS des PLANTES.	Poids moy. de l'h. de grains.	QUANTITÉ de semence par hectare.	RENDEMENT EN GRAINS.			AUTRES PRODUITS.
			Max.	Moy.	Min.	
	k.	litres.	h.	h.	h.	
Féveroles	80	100 à 300	»	26	»	2,300 k. de fanes sèches.
Gesses ..	78	180 à 200	35	15	»	2,700 à 4,000 de fourr.sec
Haricots .	77	105	»	29	»	2,200 kil. de paille.
Lentilles.	85	100 à 150	21	16	10	1,800 k. de fourrage sec.
Pois gris.	79	125 à 200	»	13	»	2,900 à 4,600 k. de paille.
Vesces ..	80	150 à 300	35	15	»	2,700 à 4,000k.de four.sec

Nº 26.

Plantes à fruits charnus.

Le rendement des courges ou citrouilles varie de 40,000 à 100,000 kil. de fruits et autant de feuilles fraîches par hectare.

Cent citrouilles fournissent de 100 à 160 litres de graines.

Les graines contiennent de 7 à 8 pour cent d'huile.

No 27.
Plantes oléagineuses.

NOMS des PLANTES.	POIDS de l'hectol. de graines.	SEMENCE A EMPLOYER par hectare.	RENDEMENT EN GRAINES par hectare.
Colza.....	68 kil.	7 à 8 k. sur place.	20 à 60 h.; en moyenne, 40 hectolitres.
		2 k. en pépinière.	4,000 kil. de paille.
Navette....	65	4 à 5 k. —	18 à 25 hectolitres.
Œillette ...	60	2 à 5 k. —	22 hectol. et 3,300 k. de tiges sèches.
Cameline ..	69	5 à 8 k. en place.	14 à 60 hectolitres.

Le rendement industriel de ces graines en huile et en tourteaux peut être évalué comme il suit :

	HUILE.	TOURTEAUX.
Colza d'été........	26 à 30 p. %	62 p. %
Colza d'hiver......	32 —	67 —
Navette d'été......	30 —	65 —
Navette d'hiver	33 —	62 —
Œillette blanche...	35 —	60 —
Cameline..........	27 à 28 —	70 à 72 —

No 28.
Plantes textiles.

NOMS des plantes.	POIDS de l'hectol. de graines.	SEMENCE à employer par hectare.	Rendement en graines par hectare.	RENDEMENT en filasse.
Chanvre ...	52 kil.	3 à 4 hect.	300 kil.	800 à 1,200 k.
Liu.	69	130 à 250 k.	260 à 800 k.	330 à 500 k.

No 29.
Nombre de graines contenues dans un kilo.

Arachide.............	2,000	Gesse cultivée	25,000
Avoine	25,000	Froment.............	20,000
Betterave	50,000	Lentille.............	12,000
Carotte.............	800,000	Lentille d'Auvergne	18,000
Carvi..............	280,000	Lin	200,000
Chicorée sauvage.......	800,000	Luzerne	400,000
Chou..............	320,000	Maïs à poulet	8,000
Cameline	450,000	Maïs quarantain........	7,000
Fenouil	110,000	Maïs jaune gros........	2,000
Féverole............	2,000	Moutarde blanche	240,000

Moutarde noire	600,000	Pois gris	40,000
Navet	300,000	Pois chiche	2,500
Navette	250,000	Sainfoin	20,000
Orge	15,000	Seigle	40,000
Panais	210,000	Trèfle rouge	500,000
Persil	230,000	Vesce	15,000
Pimprenelle	100,000		

N° 30.

Plantes classées selon le mode de végétation.

Plantes nettoyantes par les façons qu'elles exigent.

Pommes de terre.	Lin.
Topinambour.	Colza.
Betterave.	Pavot.
Carotte.	Tabac.
Panais.	Fève.
Rutabaga.	Maïs.
Chou.	Millet.
Sorgho.	Cardère.
Haricot.	Garance.

Plantes étouffantes.

Vesce.	Sarrasin.
Pois.	Trèfle incarnat.
Jarosse.	Moutarde blanche.
Seigle en vert.	Chanvre.

Plantes améliorantes.

Trèfle rouge.	Minette pâturée.
Vesce pâturée.	Luzerne.
Sainfoin.	Genêt à balais.
Ajonc marin.	Sarrasin.

Plantes épuisantes.

Froment.	Pommes de terre.
Seigle.	Chou.
Orge.	Colza.
Avoine.	Navette.
Maïs.	Cardère.
Haricot.	Tabac.
Lentille.	Chanvre.
Betterave.	Lin.
Carotte.	Garance.

No 31.

Plantes agricoles classées suivant leur exigence.

Plantes des sols pauvres.

Pommes de terre.   Gesse.
Rutabaga.   Sainfoin.
Topinambour.   Lentille d'Auvergne.
Spergule.   Cameline.
Pimprenelle.   Seigle.
Chicorée sauvage.   Escourgeon.
Ray-grass.   Avoine.
Sarrasin.

Plantes des bons terrains.

Betterave.   Froment.
Carotte.   Orge de mars.
Citrouille.   Maïs.
Trèfle.   Millet.
Luzerne.   Cardère.
Pois.   Pastel.
Vesce.   Safran.
Navet.   Houblon.
Féverole.

Plantes des sols riches.

Colza.   Lin.
Pavot.   Tabac.
Chanvre.   Garance.

No 32.

Vigne.

Le nombre de ceps varie de 2,500 à 40,000 par hectare, selon le pays.

Le rendement varie de 2 à 300 hectolitres de vin. La moyenne est de 16 à 24 hectolitres, suivant les vignobles.

No 33.

Poids des bois empilés.

	le stère.
Rondins de vieux chêne	400 à 430 kilos.
— de jeune chêne..........................	430 à 450 —
— de hêtre	430 à 450 —
— de charme..........................	500 à 530 —
— de bois blanc..........................	300 à 350 —

No 34.

Quantité de charbon fournie par les bois.

100 kilos de hêtre	18 à 20 kilos de charbon.
— de chêne....................	14 à 16 —
— de sapin....................	16 à 18 =

No 35.
Bois de chauffage classés suivant leurs qualités.

Orme.

Chêne.

Frêne.

Charme.

Hêtre.

Châtaignier en rondins.

Erable.

Sycomore.

Erable.plane.

Noyer en rondins.

Bouleau.

Arbres résineux.

Aune ou verne.

Tilleul.

Peupliers.

No 36.
Nombre de plants qu'on peut compter par hectare.

DISTANCE DES LIGNES.	DISTANCE DES PLANTS.	NOMBRE DE PLANTS.	Surface occupée par chaque plant.
m.	m.		m.
0.40	0.40	98.000	0.160
0.50	0.40	50.000	0.200
0.55	0.25	72.700	0.135
0.65	0.20	76.000	0.130
0.65	0.30	51.000	0.195
0.65	0.40	38.000	0.260
0.60	0.50	33.000	0.300

No 37.
Age maximum des graines qu'on peut confier à la terre.
Evaluation en années.

Arachide.....	1	Colza	4	Melon........	8	Pimprenelle .	1
Avoine	2	Fenouil	3	Millet........	2	Pois	3
Betterave....	4	Féverole.....	3	Moutarde....	3	Rutabaga....	4
Carotte......	4	Froment.....	2	Navet........	4	Sarrasin.....	2
Carvi........	1	Gesse cultivée	4	Orge........	2	Seigle........	2
Chanvre.....	1	Lin..........	2	Panais.......	1	Sainfoin.....	2
Chicorée.....	6	Lentille	2	Pastel.......	2	Tabac	6
Chou........	4	Luzerne	2	Pavot œillette	2	Trèfle.......	2
Cameline....	4	Maïs........	2	Persil.......	2	Vesce........	3

No 38.
Travaux exécutés par les ouvriers.
Quantité de travail d'un ouvrier, en un jour.

Epandage du fumier .... 15.000 à 20.000 k.

Binage des carottes, betteraves, etc............ 10 à 15 ares.

Plantation de pommes de terre à la bêche...... 14 à 16 —

Transplantation du colza au plantoir .... 10 à 12 —

Semailles à la volée, du blé, de l'avoine........ 3 à 5 hectares.

Défoncement à la bêche, à 0ᵐ75 de profondeur.. 75 à 110 m. carrés.
Fauchage des prairies naturelles............... 30 à 40 ares.
— des prairies artificielles .... 50 à 60 —
Fanage des prairies ordinaires .... 35 à 40 —
— des prairies productives.............. 25 à 30 —
Coupe des céréales faite { à la faucille........ 18 à 20 —
à la sape.......... 30 à 40 —
à la faulx.......... 40 à 60 —
Battage des grains { en grange .... 12 à 14 décalitres.
sur une aire, en plein air.. 15 à 20 —
Arrachage des betteraves................. 8 à 12 ares.

Nᵒ 39.

Nombre de journées d'animaux nécessaire par hectare.

Labour.

Sol moyen.......................... 4 journées de chevaux.
— .... 6 journées de bœufs.

Hersage.

Pour diviser, herse légère................ 1/2 journée de chevaux.
— herse forte................ 1 journée —
Sur semailles, herse légère .... 1/3 de journ. —
— herse forte................ 2/5 — —

Roulage.

Avec un rouleau moyen................. 1/4 de journée de chev.

Binage.

A la houe à cheval................... 2/3 de journée de chev.

Nᵒ 40.

Liste des 20 noix les plus estimées

Qu'on recueille dans les cantons de Tullins et de Vinay et dans les environs de Grenoble, classées d'après leurs trois dimensions : hauteur du point d'attache au bout du dard ; largeur d'un bord extérieur à l'autre des coquilles ; épaisseur des deux coquilles l'une sur l'autre.

Le 1ᵉʳ chiffre indique l'ordre ; — *h.* la *hauteur* d'attache au bout du dard ; — *l.* la *largeur* ; — *t. total.*

1. Noix d'origine inconnue, coquille extrêmement dure :
Hauteur.......................... 46 millim.
Largeur.......................... 38
Epaisseur 37

Total diamétral..... 121 ci. 121
2. Noix gant, de la Rivière, don de M. de Montal, h. 44, l. 36, ép. 38. T. 118
3. Mayette de M. Frappaz, de Tullins, h. 41, l. 36, ép. 37. T. 114
4. Mayette de M. Trouillon, de Brié, h. 41, l. 35, ép. 38. T. 114
5. Mayette de M. Grimaud, de Vinay, h. 40, l. 34, ép. 30. T. 111
6. Mayette de M. Auzias, de Voreppe, h. 40, l. 37, ép. 35. T. 111
7. Mayette rouge, canton de Tullins, h. 40, l. 34, ép. 34. T. 108
8. Franquette, canton de Tullins, h. 45, l. 31, ép. 31. T. 107

9. Mayette blanche, canton de Tullins, h. 39, l. 33, ép. 34.   T. 106
10. Bouchesse de Vinay, de M. Grimaud, h. 33, l. 31, ép. 32.   T. 106
11. La Belle grenobloise ou la Grosse ronde de Brié, h. 36,
    l. 34, ép. 36.   T. 106
12. Parisienne, canton de Tullins, h. 37, l. 33, ép. 34.   T. 104
13. Gauteron, canton de Tullins, h. 40, l. 32, ép. 31.   T. 103
14. Bouchesse de Brié, h. 36, l. 31, ép. 36.   T. 103
15. Petite ronde de Brié, h. 35, l. 34, ép. 33.   T. 102
16. Ronde de M. Grimaud, de Vinay, h. 33, l. 33, ép. 34.   T. 100
17. Noix de Vourey, h. 36, l. 31, ép. 30.   T. 97
18. Chaberte de Brié, h. 32, l. 30, ép. 31.   T. 93
19. Chaberte du canton de Tullins, h. 33, l. 30, ép. 29.   T. 92
20. Marceline, h. 31, l. 28, ép. 28.   T. 87

Il est à remarquer que notre belle et bonne noix Mayette, qui est présentée sur toutes les tables les plus somptueuses de l'Europe, et peut-être du monde, vient très-bien dans diverses vallées, notamment sur les coteaux de Brié, où elle peut être cultivée avec succès.

CULTURE POTAGÈRE.

Un jardin potager bien tenu doit fournir des légumes pour chaque mois. On obtient ce résultat par une culture prévoyante et d'abondantes fumures.

Les engrais qui conviennent le mieux au jardinage sont les fumiers d'écurie et d'étable et les terreaux.

Dans les gros terrains il est très-avantageux, à l'arrière-saison, de labourer en billons ou de mettre en petits tas la terre des carrés improductifs à ce moment; car le sol d'un jardin doit être parfaitement ameubli.

Si l'on ne fait pas des cultures forcées, il est préférable de semer à demeure les racines et les plantes qui acquièrent un grand développement dans leur végétation, telles que cardon, courge, melon; et de semer sur couche terreautée les autres légumes de transplantation facile, parce que le terreau favorise la production d'un chevelu abondant qui assurera la reprise des replants.

Il est des graines qui veulent à peine être recouvertes : cerfeuil d'hiver, mâche, raiponce; d'autres qui exigent un plombage après que la semence a été enterrée : carotte, panais, radis, oignon, porreau, épinard, scorsonère, pourpier.

Avant d'arracher les replants, il est prudent d'arroser la pépinière quelques heures à l'avance, afin de les extraire sans les endommager, et de les enlever avec la petite motte de terreau que retient le chevelu. Les plantes repiquées sont bornées à mesure de la plantation, et arrosées sitôt leur mise en place achevée. On soutient leur végétation par des mouillures quotidiennes jusqu'à ce qu'elles aient bien repris.

Durant leur croissance, les légumes doivent être tenus soigneusement sarclés, binés et arrosés, suivant les besoins.

Il faut pour l'arrosage se servir d'une eau dont le degré de chaleur soit autant que possible rapproché de celui de l'atmosphère, et choisir le moment de la journée qui favorise cette harmonie. Ainsi, au printemps et à l'automne, lorsque les nuits sont froides ou très-fraîches, on arrose le matin, après le lever du soleil, pour que la terre puisse se ressuyer avant le soir; en été, on arrose le matin et le soir, avant le lever et après le coucher du soleil, et si ce temps ne suffît point, on arrose dans la matinée et dans l'après-midi, lorsque les rayons du soleil ne sont pas encore brûlants et qu'ils commencent à amortir leurs feux. L'eau de fumier est excellente pour l'arrosage; on l'obtient en étendant le purin de beaucoup d'eau commune.

On doit lier sèches et par un beau jour, les plantes qu'on veut faire blanchir, et prendre garde de ne pas introduire de l'eau dans l'intérieur des plantes liées quand on les arrose.

Les légumes que l'on conserve en cave ou en d'autres lieux abrités, doivent être souvent visités, afin d'enlever les parties atteintes de pourriture.

Sous peine de dégénérescence, il faut tenir éloignés les porte-graines des plantes de même genre, quoique d'espèce différente. Les plantes de la famille des crucifères, le chou-fleur surtout et le chou conique de Poméranie, demandent le plus de précaution à ce sujet.

Il est important de varier les cultures d'un même carré et de ne point faire succéder à une plante une autre plante du même genre; il est avantageux aussi de renouveler souvent les graines. Lorsqu'on doute de la bonté d'une graine, il est prudent de l'essayer avant de la confier à la terre. Pour cela, on fait tremper une pincée de graines quelque temps dans de l'eau tiède, puis on les enterre : ce procédé hâte la germination, si elle doit se produire.

De toutes les maladies des légumes, la plus terrible est la fonte ou pourriture, qui attaque principalement les salades, l'épinard, l'oignon, le radis et la carotte. L'emploi d'un fumier trop consommé ou d'un terreau trop gras, un excès d'humidité, une plantation touffue et la privation du soleil en sont les principales causes.

On préserve des chenilles les plantations de choux, en y semant quelques graines de chènevis; l'odeur du chanvre en croissance éloigne les papillons. Il arrive parfois que les choux ont une tendance à monter sans vouloir former de pommes. On calme cette effervescence de la sève en pratiquant au-dessous du collet, avec la pointe d'un couteau, une incision qu'on empêche de se cicatriser en y introduisant un petit gravier ou un mince éclat de bois.

Les pucerons peuvent être détruits par des arrosages avec de l'eau de savon, de l'eau imprégnée de suie; on les détruit encore en répandant, après un jour de pluie une certaine quantité de chaux en poudre, semée à la volée.

NOMS des PLANTES.	ÉPOQUE de la PLANTATION	Exposition.	TERRAIN et PRÉPARATION.	ESPACE.	DURÉE DE LA		
					Germi-nation.	Plante.	Graine.
				m.	Jours	mois.	ans.
Ail.	Mars Avr.	Partout.	Léger, déjà fumé	0.11	6	5 m.	3
Artichaut.	Mars av. Mai.	Au soleil.	Fumé, profond.	1 »	10	3 ans	3 à 5
Asperge.	Mars Avr.	Id.	Léger et calcaire	0.50	15	15 a.	6 à 10
Aubergine.	fin Févr. Mars.	Id. s. châss.	Léger.	0.66	8	4 m.	2
Basilic.	Mars Avr.	Id.	Bien engraissé.	0.12 à 015	5	6 à 7 mois	2 à 5
Bette ou Poirée.	Fév. Mars et Avril.	Id.	Id.	0.33	6	9 m.	3 à 4
Bette d'hiver ou Carde P.	Fév. Mars Août Sept.	Id.	Id.	0.33	6	6 m.	3 à 4
Betterave.	Fév. Mars	Id.	Frais, bien fumé	0.33	6	9 m.	2 à 4
Bonne-Dame.	Mars Avr.	Partout.	Ordinaire.	0.33	8	9 m.	2 à 4

Cultures spéciales et récolte.

Ail. — Nouer les fanes en juin pour faire grossir les bulbes. Arracher lorsque les fanes sont desséchées, et laisser quelques jours se ressuyer sur la terre avant de rassembler et de lier en paquets.

Artichaut. — Butter à l'automne et recouvrir de feuilles de noyer pour éloigner les rats, et à défaut de ces feuilles, étendre une couche de litière pailleuse. Après la récolte, couper les tiges le plus près possible du collet. Déchausser au printemps pour détacher les filleuls qu'on enlève avec une partie de la tige, et ne laisser à chaque plante que les deux plus beaux œilletons.

Asperge. — Etablir au fond des fosses un lit de menues broussailles ou de sable grossier; étendre par-dessus une couche de fumier à demi con-sommé; recouvrir d'un lit de terreau ou de terre bien meuble et fertile, de 0m19 d'épaisseur; tasser une poignée de terreau ou de terre au-dessous de chaque griffe, dont on étale soigneusement les racines avant de les recouvrir. Chaque année, à l'automne, étendre une légère couche de fumier qu'on mélangera avec le sol, au printemps suivant, par un labour au trident; charger alors avec la terre extraite des fosses. Ne pas récolter avant la 4e année, et prendre garde, en coupant, de ne pas endommager les plantes.

Aubergine. — Arrosages abondants. Enlever les châssis vers le 15 mai.

Basilic. — Couper avant les gelées et sécher à l'ombre.

Bette ou Poirée. — Tenir le sol frais par des arrosages à l'eau de fu-mier. Couper à 0m03 au-dessus du sol, lorsque les feuilles ont une hau-teur de 0m25; cueillir une à une les feuilles de la seconde récolte.

Bette d'hiver ou Carde Poirée. — Arrosages abondants à l'eau de fu-mier. Effeuiller ou arracher lorsque les plantes ont acquis tout leur dé-veloppement.

Betterave. — Ne pas effeuiller; arracher avant les gelées.

Bonne-Dame. — Se reproduit d'elle-même. Effeuiller ou couper rez terre pour récolter.

7.

NOMS des PLANTES.	ÉPOQUE de la PLANTATION	Exposition.	TERRAIN et PRÉPARATION	ESPACE.	DURÉE DE LA		
					Germination.	Plante.	Graine.
				m.	Jours	mois.	ans.
Capucines.	Mars Av.	Soleil.	Bien ameubli.	0.11	12	6 à 7	3 à 6
Cordon.	Mai.	Id.	Id.	1	10	6	3 à 4
Carotte.	Fév. Mars Août.	Quelconque	Id.	0.12	5	9	2 à 3
Céleri.	Mars.	Ombre.	Id.	0.45	10	8 à 9	10
Cerfeuil.	Mars à Septemb.	Soleil ou ombrage.	Léger, frais l'été		5	3 à 4	4 à 5
Champignon							
Chicorée.	d'Avr. en Août.	Bien aérée.	Fertile et meuble	0.33		Id.	5 à 6
Chic. amère.	Mars Avr.	Ombrage.	Id.	touf.		6	6 à 7
Chou à tond.	Mars à Août.	Quelconque	Frais, bien fumé	Id.		2à10	4
Chou-brocoli	Mars Avr.	Au soleil.	Id.	0.50		9	4 à 5
Chou de Brux.	Avril.	Quelconque	Autour des carrés	1		1 an	4
Chou cabus.	Fév. Mars Avril.	Au soleil.	Frais, bien fumé	0.80		5 à 6 m.	8 à 9

Cultures spéciales et récolte.

Capucines. — Conduire en treillis ou soutenir par des menus branchages. Cueillir les boutons à fleur et les mettre au vinaigre. Les fleurs peuvent servir d'ornement aux salades.

Cardon. — Pour le semis, ouvrir sur le sol labouré des trous de 0m30 de profondeur sur 0m35 de diamètre, les emplir avec du fumier mélangé de cendres de bois. Déposer en triangle 3 graines sur ce fumier et recouvrir de terre meuble. Lier lorsque les feuilles ont toute leur croissance et recouvrir d'une chemise de paille.

Carotte. — Mouiller les jeunes plants 3 à 4 fois par jour avec de l'eau imprégnée de suie, jusqu'à ce qu'ils soient assez forts pour résister aux attaques de l'acarus ou fausse araignée. Récolter à mesure des besoins, mais si le terrain est humide, arracher avant les gelées.

Céleri. — Lier en laissant libre l'extrémité des feuilles et butter ensuite d'après la croissance. A l'arrière-saison, l'on arrache pour conserver en cave.

Cerfeuil. — Exposition à l'ombre ou au soleil, selon la saison. — Arracher la petite ciguë qui croîtrait avec le cerfeuil. Cette plante vénéneuse ressemble au cerfeuil, dont elle ne se distingue que par sa couleur verte plus foncée.

Champignon. — La culture du champignon étant artificielle, voir à cet effet les traités spéciaux, entre autres le *Manuel pratique de la culture maraîchère de Paris*, par MM. Moreau et Davesne.

Chicorée. — Lier lorsque les plants sont bien développés, et commencer à récolter dix jours après. Arracher à l'arrière-saison et conserver en cave.

Chicorée amère. — Couper à 0m02 au-dessus du sol, lorsque les feuilles ont de 0m10 à 0m15. Les racines torréfiées de cette plante produisent le café de chicorée.

Chou à tondre. — Arracher après la seconde tonte.

Chou brocoli. — Récolter avant les gelées et conserver en cave.

Chou de Bruxelles. — A partir du mois d'octobre, récolter à mesure des besoins les rosettes ou petites pommes issues latéralement de la tige dans l'aisselle des feuilles. Ce chou ne craint pas les gelées.

Chou cabus. — Ne récolter que lorsque les têtes sont bien mûres.

NOMS des PLANTES.	ÉPOQUE de la PLANTATION	Exposition.	TERRAIN et PRÉPARATION.	ESPACE.	DURÉE DE LA		
					Germination.	Planto.	Graine.
				m.	Jours	mois.	ans.
Chou-fleur.	Mars à Juin Sept.	Bien aérée.	Engraissé et lég.	0.58		9	8 à 9
Chou-frisé.	Mars Avr.	Quelconque	Bien fumé.	0.58		1	3
Chou-Milan.	Mars Avr. Août.	Chaude.	Id.	0.90		8	8 à 9
Chou-navet.	Mars Avr. Juillet.	Fraiche.	Meuble, bien fumé.	0.50		6 à 7	4
Ch. en p. de s.	Mars.	Chaude.	Id.	0.50		8	4
Chou print. et tardif.	Mars Avr. Août.	Id.	Id.	0.50		5 à 7	4
Chou quintal	Mars Avr.	Au soleil.	Fort, bien fumé.	1		7 à 8	4
Chou-rave blanc, print.	Mars Avr. Mai.	Chaude et humide.	Id.	0.50		3 à 4	4
Id. bleu, tard.	Mai à Juillet.	Id.	Id.	0.50		7 à 10	4
Chou rouge.	Mars Avr.	Au soleil.	Id.	0.90		7 à 8	4
Ch. trapu de Brunswick.	Id.	Quelconque	Autour des carrés.	0.66		9 à 10	4
Ch. coniq. de Poméranie.	Fin Mars à Mai.	Id.	Id.	0.50		8 à 9	4
Ciboule.	Févr. à Août.	Au soleil.	En bordure.	0.18		2 ans	3
Cochléaria.	Mars Sep.	A l'ombre.	Fertile et léger.	0.12		1 m.	2

Cultures spéciales et récolte.

Chou-fleur. — Repiquer au moins deux fois avant la mise en place, pour favoriser la formation des têtes. Arroser abondamment au pied des plantes. Lorsque les pommes sont de la grosseur d'un œuf de poule, les abriter sous les feuilles environnantes que l'on rabat successivement en les cassant, mais sans les détacher. Récolter avant les gelées.

Chou frisé. — Couper les feuilles et laisser le tronc pour rejeton.

Chou-Milan. — Arrosages abondants à l'eau de fumier ; butter. Ne récolter qu'après les premières gelées.

Chou-navet. — Arrosages abondants. Consommer avant l'entier développement.

Chou en pain de sucre. — *Chou printanier ou tardif.* — *Chou quintal.* — Arrosages abondants à l'eau de fumier.

Chou-rave blanc, printanier. — *Chou-rave bleu, tardif.* — Arrosages abondants. Butter et effeuiller avec soin.

Récolter avant le complet développement, parce que les racine durcissent en mûrissant.

Chou rouge. — Même culture que le chou cabus.

Chou trapu de Brunswick. — Ne redoute pas la gelée. Récolter à mesure des besoins.

Chou conique de Poméranie. — Récolter de septembre en novembre. Dans ce dernier mois, les pommes atteignent souvent le poids de 8 à 10 kilogrammes.

Ciboule. — A l'arrière-saison, avant les gelées, couper les feuilles rez terre et recouvrir les pieds de cendres ou de fumier gras.

Cochléaria. — Arrosages fréquents. Récolter en mai, en coupant les feuilles.

NOMS des PLANTES.	ÉPOQUE de la PLANTATION	Exposition.	TERRAIN et PRÉPARATION.	ESPACE.	DURÉE DE LA		
					Germination.	Plante.	Graine.
				m.	Jours	mois.	ans.
Cornichon.	Avr. Mai.	Au soleil.	Léger et engrais	0.88	6	5 à 6	4 à 5
Courge.	Id.	Id.	Id.	1.68	6	Id.	4 à 6
Cresson al.	Avril à Août.	Aérée, omb.	Meuble.	Bord	5	2 à 3	2
Echalotte.	Mars Avr.	Au soleil.	Sec.	0.12		5	
Epinard.	Mars à Août.	Peu omb.	Frais, gras et ameubli.		3	2 à 10	3 à 4
Estragon.	Mars Avr. Sept.	Méridionale	En bordure.	0.33		viv.	3 à 4
Fève.	Février Mars.	Quelconque	Fort.	0.18	3	6 à 7	3 à 6
Fraisier.	Mars Avr. Septemb.	Id.	Fertile, prof. am.	0.33		3 ans	
Haricot.	Avr. Mai.	Id.	Engraissé à l'av.	0.33	3	5 à 6	2 à 4
Laitue.	Mars à Août.	Au soleil.	Léger et subst.	0.28	4	3 à 4	2 à 3

Cultures spéciales et récolte.

Cornichon. — Arrosages avec de l'eau contenant en dissolution de la colombine. Laisser courir les tiges librement. Récolter les fruits verts tout jeunes. — Terre engraissée d'un fumier à demi consommé.

Courge. — Arrosages très-abondants avec l'eau de fumier. Ne récolter qu'à la complète maturité les courges que l'on veut conserver.

Cresson alénois. — Couper lorsque les feuilles ont de 0m08 à 0m10. Arracher après la seconde coupe.

Echalotte. — Cette plante redoute l'humidité et le contact du fumier récemment employé.

Epinard. — Tenir soigneusement sarclé; arroser avec l'eau de fumier. On coupe la première cueille. La seconde se fait en effeuillant. On rend leur verdure ordinaire aux feuilles gelées de l'épinard, en les faisant tremper dans l'eau froide, et en les faisant ensuite ressuyer sur une table en bois ou sur des planches.

Estragon. — Reproduire par la division des vieux pieds. A l'arrière-saison, couper les tiges près du sol, puis couvrir de terre meuble légère ou de fumier pailleux pour garantir du froid.

Fève. — Ecimer lorsque les plantes sont bien fleuries. On peut obtenir une seconde récolte en coupant au niveau du sol les tiges dont on a déjà cueilli les cosses pleines de fèves à demi formées. Cette récolte doit, comme la première, être faite avant la maturité des fèves.

Fraisier. — Propager par la division des vieux pieds. Garantir contre les vers blancs en enfouissant avant la plantation, à la profondeur d'un fer de bêche, un lit de feuilles de châtaignier. Après la plantation, couvrir le sol d'un paillis pour diminuer l'évaporation et empêcher la formation d'une couche superficielle de la terre, battue par les fréquents arrosages que réclame le fraisier, surtout avant les pluies d'orage.

Haricot. — Répandre sur chaque poquet, au moment du semis, une poignée de cendres de bois. Ne récolter les haricots verts ni par la rosée ni après la pluie, parce que les fleurs humides de ces plantes se détachent avec une facilité déplorable.

Laitue. — La petite laitue dite de la Passion se sème très-dru, et on la récolte sans la repiquer, en arrachant çà et là quelques pieds, à mesure que le semis devient touffu. Arrosages abondants en été.

NOMS des PLANTES.	ÉPOQUE de la PLANTATION	Exposition.	TERRAIN et PRÉPARATION.	ESPACE.	DURÉE DE LA		
					Germination.	Plante.	Graine.
				m.	Jours	mois.	ans.
Marjolaine.	Mars Avr.	Au soleil.	En bordure.	0.10		viv.	2
Melon.	Id.	Id.	Fumé, sec et lég.	1.16	5	8	4 à 5
Menthe.	Id.	Chaude.	Frais.	touf.		viv.	2
Navet.	Mars Avr. Juil. Août	Id.	Sablon. et frais.		3	2 à 3	2 à 3
Oignon.	Mars Avr. Août.	Bien aérée.	Léger, meuble.	0.13	6	6	Id.
Id. à tondre.	Mars à Août.	Quelconque	En bordure.			3 à 4 a	2
Oseille.	Mars Septemb.	Id.	Profond et bien fumé.	0.28	8	4 à 5	3
Panais.	Mars Avr.	Fraîche.	Fort, b. ameubl.	0.12	8	8 à 9	2 à 3
Persil.	Id.	Quelconque	Frais et léger.		45	1 an	3 à 5
Perce-pierre.	Mars.	Levant ou couchant	Quelconque, en bordure.			viv.	
Piment.	Id.	Aérée.	Quelconque.	0.50	8	8	6 à 8

Cultures spéciales et récolte.

Marjolaine. — Reproduire par l'éclat des vieilles touffes qu'on dédouble tous les deux ans. Couper en août et sécher à l'ombre.

Melon. — Pincer la sommité de la jeune plante au-dessus de la 4ᵉ feuille, ce qui fera naître deux branches latérales; détacher l'extrémité de ces branches après la 6ᵉ feuille. Supprimer ensuite avec les rameaux qui les portent, toutes les mailles que l'on ne veut point garder. Tailler les rameaux à fruits conservés au nœud qui vient après la maille, et arrêter de même, par la taille ou le pincement, la végétation qui se produirait sur les rameaux fructifères. Arroser avec discrétion et récolter lorsque l'odorat avertit de la maturité.

Menthe. — Couper à la fleur et sécher à l'ombre.

Navet. — Ne semer au printemps que de la graine de deux ans, sous peine de voir les navets monter sans former des racines charnues. Récolter avant le complet développement des racines. Conserver en cave les navets des derniers semis.

Oignon. — Dans le courant de juin, tordre les fanes ou les fouler en roulant sur les planches d'oignon une futaille vide. Cette opération a pour effet de faire grossir les bulbes. Récolter en août. — Terre plutôt sèche que fraîche, fumée de l'année précédente.

Oignon à tondre. — Les tondre souvent.

Oseille. — Récolter en détachant séparément chaque feuille. Sous une couverture de litière pailleuse, l'oseille continue de végéter en hiver.

Panais. — Même culture que pour la carotte. Le panais se garde facilement en cave, mais il perd ses qualités en vieillissant.

Persil. — Ne pas employer pour engrais des fumiers trop consommés, parce qu'ils nuiraient à la saveur du persil. Récolter en effeuillant proprement.

Perce-pierre. — Il est avantageux de semer cette plante au pied d'un mur, dans lequel pénètrent les racines, ce qui a valu à ce légume le nom qu'il porte. Récolter comme l'estragon et pour les mêmes usages.

Piment. — Arrosages abondants. Récolter lorsque les fruits sont très-rouges.

NOMS des PLANTES.	ÉPOQUE de la PLANTATION	Exposition.	TERRAIN et PRÉPARATION.	ESPACE.	DURÉE DE LA		
					Germination.	Plante.	Graine.
				m.	Jours	mois.	ans.
Pimprenelle.	Avril.	Demi ombr.	Quelc., en bord.		10		3 à 4
Pois gourm.	Mars à Mai.	Bien aérée.	Léger, déjà engraissé.	0.66	3	4 à 5	3
Pois sucrés.	Février à Juin.	*Id.*	*Id.*	0.50	*Id.*	5 à 6	3
P. de terre.	Mars Avr.	Au soleil.	Terre neuve.	0.58	10	10	
Poireau ou Porreau.	*Id.*	Fraîche.	Substant.,ordin.	0.14	6	6	3
Pourpier.	Mars à Mai.	Au soleil.	Léger,bien fumé		9	*Id.*	8 à 10
Radis rond du printemps	Février à Avril.	*Id.*	*Id.*	0.08	3	2	3
Radis long de tous les mois	Février à Septemb.	*Id.*	*Id.*	*Id.*	*Id.*	*Id.*	3
Radis noir ou blanc d'été.	Mai à Juillet.	*Id.*	*Id.*	0.16	*Id.*	4	3
Raiponce, Mâc.ouDouc.	Juin Juil.	*Id.*	Entre les légum.		10	9	3
Rave blanc. et jaune.	Avril à Juillet.	*Id.*	Léger et déjà engraissé.		3	3 à 4	3

Cultures spéciales et récolte.

Pimprenelle. — Récolter lorsque les feuilles ont de 0^{m}12 à 0^{m}15. Sert aux mêmes usages que l'estragon.

Pois gourmand. — *Pois sucré.* — Amender avec des cendres de bois au moment du semis. Ecimer lorsque les plantes ont un certain nombre de gousses bien formées.

Pomme de terre. — Biner aussitôt que les jeunes pousses commencent à paraître. On peut obtenir une récolte plus précoce en plantant, en octobre ou novembre, lorsque le terrain n'est pas trop mouillé, des pommes de terre que l'on enterre à une profondeur de 0^{m}05 plus grande que dans la plantation de printemps. Les travaux d'entretien des plantations automnales sont les mêmes que ceux des plantations de printemps; ils consistent en binages et en un seul buttage.

Poireau ou Porreau. — Arrosages abondants. Ne récolter qu'à mesure des besoins, cette plante supportant bien les gelées.

Pourpier. — Ne demande de soin que pour la récolte des graines, qu'on fait sécher sur un linge.

Radis rond de printemps. — *Radis long de tous les mois.* — *Radis noir ou blanc d'été.* — Répandre sur les jeunes plants des cendres ou de la suie pour les garantir de l'attaque des poux de terre. Tenir le terrain humide par des mouillures quotidiennes.

Raiponce, Mâche ou Doucette. — Arrosages quotidiens et abondants jusqu'à levée des graines que l'on a semées sur un simple grattage et sans les recouvrir, sinon par l'expansion à la volée de quelques poignées de terreau desséché ou de terre sèche très-meuble, même pulvérulente.

Rave blanche et jaune. — Tenir le terrain bien ameubli à la surface. Conserver en cave ou en silo dans les jardins.

NOMS des PLANTES.	ÉPOQUE de la PLANTATION	Exposition.	TERRAIN et PRÉPARATION.	ESPACE.	DURÉE DE LA		
					Germination.	Plante.	Graine.
				m	Jours	mois.	ans.
Romaine ou Sal. longue.	Février à Août.	Au soleil.	Bien fumé.	0.33	4	3	3 à 4
Salade à tête	Id.	Id.	Id.	0.33		3	4
Scarole.	Id.	Id.	Id.	0.33		3	5 à 6
Salsifis et Scorsonère.	Février, Mars.	Bien aérée.	Prof. labouré, ameubli et frais.		8	5 à 6	1 à 2
	Mars Avr. Août.	Id.			12	2ans	1 à 3
Sauge.	Mars Avr.	Au soleil.	Léger, en bord.	0.66	12	viv.	2
Tétragone.	Mars Avr. Septemb.	Id.	Bien ameubli.	0.60		Id.	
Thym.	Mars Avr.	Id.	Id.	0.33	12	Id.	
Topinamb. ou Poire de terre	Id.	Quelconque	Neuf, fert., prof.	0.66	15	6	
Tomate ou Pomme d'am.	Id.	Au soleil.	Plate-bande.	0.66	8	7	2 à 3

Cultures spéciales et récolte.

Romaine ou Salade longue. — Arrosages abondants à l'eau de fumier. Quand les plantes atteignent une certaine force, les lier pour que les têtes ou pommes s'emplissent mieux.

Salade à tête. — Arrosages abondants à l'eau de fumier.

Scarole. — Même culture que la chicorée.

Salsifis et Scorsonère. — Arrosages abondants. Ces légumes ne craignant pas les gelées, on récolte à mesure de la consommation. Lorsque les tiges sont montées, leurs racines ne sont plus comestibles; mais elles reprennent cette propriété quelque temps après que les tiges ont été coupées.

Sauge. — Couper les sommités des tiges fleuries ou récolter les feuilles un peu avant le complet épanouissement des fleurs, et sécher à l'ombre.

Tétragone. — Cueillir les feuilles et l'extrémité tendre des pousses qui se renouvellent sans cesse. Cette plante remplace avantageusement l'épinard, surtout en été.

Thym. — Tondre lorsqu'il est en fleurs.

Topinambour ou Poire de terre. — Se cultive aussi en bordure pour que les tiges servent de brise-vent aux plantes délicates des carrés.

Tomate ou Pomme d'amour. — Soutenir les tiges par un treillis ou avec de menus branchages. Maîtriser la végétation par le pincement, lorsque les plantes ont un nombre suffisant de fruits. Arrosages abondants.

TRAVAUX MENSUELS.

Janvier.

Agriculture. — Faire l'inventaire. Préparer ou rectifier l'assolement. Visiter les caves, celliers et silos. Préparer ou confectionner les instruments aratoires et les harnais. Battre les graines, égrainer le maïs. Surveiller la parturition des vaches et des brebis. Commencer l'engraissement des bœufs et des moutons. Préparer les échalas des vignes.

Surveiller les céréales en terre. Transporter les fumiers et amendements sur les terres à ensemencer au printemps. Drainer les jachères. Remonter la terre des pentes dénudées. Si le temps est propice, labourer pour les marsages. Enlever l'eau des prairies irriguées, ou arroser abondamment si elles sont humides et que la gelée menace; arracher les joncs et autres plantes nuisibles au foin. Défoncer les terrains qu'on veut planter en vignes.

Flamber ou laver à l'eau bouillante les ceps et les échalas des vignes infestées de la pyrale. Couper les vernes, émonder les saules et les peupliers. Commencer l'échenillage.

Arracher les navets et les carottes provenant de cultures dérobées. Couper le chou quintal, effeuiller les choux à vaches. Récolter le rutabaga, le topinambour, à mesure des besoins.

Horticulture. — Visiter souvent les fruitiers et les serres à légumes. Fumer, amender et labourer les carrés vides. Ouvrir les fosses des futures aspergeries. Soigner les salades d'hiver. Par un temps doux, donner de l'air aux artichauts. Semer dans une exposition méridionale et abritée les fèves, les pois hâtifs, les oignons blancs.

S'il ne gèle pas, tailler les arbres à fruits à pepins, qui seraient d'une végétation languissante. Nettoyer les arbres fruitiers. Préparer ou réparer les treillis pour espaliers.

Apiculture. — Maintenir les ruches couvertes avec de la paille; et, s'il fait froid, rétrécir les entrées. Lorsque le temps est pluvieux, soulever les ruches avec des cales pour dissiper l'humidité, dégager toutes les issues. Pourvoir, s'il est besoin, à la nourriture des abeilles.

Février.

Agriculture. — Continuer les travaux d'intérieur énumérés pour le mois de janvier. Blanchir au lait de chaux les murs des bâtiments affectés au bétail.

Continuer les amendements et les labours préparatoires des semailles de printemps. Irriguer par submersion, et, si le temps est doux, commencer les irrigations à l'eau courante. Repurger les anciennes rigoles et établir les nouvelles. Herser les prairies sèches, moussues. Épandre la terre des taupinières, épierrer les prairies artificielles. Amender les prés avec la cendre ou la charrée, la suie, la colombine, les composts. Continuer l'arrachage des joncs, colchiques et autres herbes nuisibles.

Commencer le provignage, la taille et la plantation des vignes. Planter les mûriers dans les terres fortes. Exploiter les taillis, élaguer les têtards.

couper les osiers, tondre les haies, réparer les clôtures, repurger les fossés. Echeniller.

Si le temps est beau, semer féveroles, spergule, pavot ou œillette, pois gris, seigle et froment de printemps, orge, avoine. Tempérer la végétation des céréales d'automne par le parcours des moutons, et répandre des engrais pulvérulents sur les blés languissants.

Continuer la récolte du rutabaga et du topinambour.

Horticulture. — Semer porreau, ciboule, laitue, épinard, chicorée sauvage, cresson alénois, persil, cerfeuil, pois hâtifs, fèves, oignons, asperge, carotte, choux de Milan et autres, radis, laitues pommées, panais. Éclater et planter les fraisiers, l'oseille, l'ail, l'échalotte. Repiquer les petits oignons plantés à l'automne. Donner de l'air aux artichauts.

Achever les plantations d'arbres fruitiers. Labourer et fumer au pied des vieux arbres. Continuer la taille des poiriers et des pommiers, et commencer la taille des arbres à fruits à noyau.

Apiculture. — Alimenter les ruches. Combattre l'humidité et le froid par les moyens indiqués pour le mois précédent. Eloigner les rats et autres ennemis des abeilles.

Mars.

Agriculture. — Achever l'engraissement des bœufs et des moutons. Interdire aux troupeaux le parcours des luzernières, tréflières et prairies de sainfoin. Faire les derniers labours préparatoires des marsages. Lorsque la terre est suffisamment ressuyée et avant le réveil de la végétation, herser les blés dans les terres consistantes, durcies à la surface par les intempéries; rouler les blés déchaussés et ceux qui végètent dans des terres meubles et légères. Herser les féveroles dès qu'elles marquent leurs raies. Biner le colza et la navette d'hiver semés en lignes.

Créer les prairies naturelles, plâtrer les prairies artificielles, herser les luzernières. Continuer les travaux de février pour les prairies arrosées.

Semer blé de printemps, avoine, orge, luzerne, trèfle, sainfoin, lupuline, lentilles, pois gris, carotte, betterave, panais, spergule, pimprenelle, chicorée sauvage, lin, choux, colza de printemps, moutarde. Planter pomme de terre et topinambour.

Planter, tailler, provigner, piocher la vigne. Transvaser les vins. Planter et tailler les mûriers. Planter les boutures de saule et de peuplier.

Horticulture. — Semer en place pois, fèves, oignons, betterave, carotte, salsifis, scorsonère, panais, radis, épinard, cerfeuil, persil, chicorée sauvage. Semer en pépinières romaine blonde, les diverses espèces de laitues, chicorée frisée, scarole, porreaux. Eclater et planter l'oseille, l'estragon, les fraisiers. Planter les pommes de terre hâtives, les griffes d'asperge. Débutter et œilletonner les artichauts; planter les filleuls détachés. Mettre en terre les porte-graines de toute espèce de plantes potagères bisannuelles. Semer du sel de cuisine sur les aspergeries, ensuite les labourer à la fourche pour ameublir la terre et mélanger avec elle le fumier de couverture.

Continuer la taille des arbres fruitiers, en ayant soin de ne pas opérer sur les arbres à fruits à noyau, avant que leurs fleurs ne commencent à s'épanouir. Planter les arbres fruitiers; commencer la greffe en fente. Abriter les espaliers en fleurs contre les gelées nocturnes et les giboulées.

Apiculture. — Visiter les ruches; nettoyer les rayons qui présentent des moisissures; détruire les teignes. Transporter les ruches près des champs de colza et de sainfoin. Si les provisions des ruches sont épuisées, placer du miel dans les rayons vides.

Avril.

Agriculture. — Surveiller les greniers. Achever l'engraissement des bœufs et des moutons. Surveiller la parturition des chèvres. Aérer les bâtiments affectés au bétail. Préparer les champs destinés à recevoir du chanvre et du maïs. Herser l'avoine, les pommes de terre, les topinambours. Biner les féveroles et les carottes. Sarcler le lin et les céréales d'automne. Continuer les semailles de mars; semer, en outre, cameline, moutarde blanche, serradelle, mélilot, ray-grass, vulpin, timothy, sorgho; commencer les semis de chanvre, de maïs, de haricots, de citrouilles. Achever les plantations de pommes de terre et de topinambours.

Continuer à nettoyer, sarcler et amender les prairies. Rouler les prés nouveaux. Commencer l'irrigation régulière des prairies arrosées.

Enlever, pour les donner au bétail, les tiges des choux cavaliers effeuillés, dès que les feuilles apparaissent. Couper les fourrages verts, seigle, escourgeon, colza et navette d'hiver.

Continuer les travaux de la vigne indiqués pour le mois précédent. Couper les baguettes de mûrier qui devront être employées plus tard pour la greffe en flûte.

Horticulture. — Continuer les semis et plantations du mois de mars; semer, en outre, chou de Milan, chou de Bruxelles, aubergine, tomate, cornichons, melons, cardons, artichauts, asperge et tous les autres légumes de pleine terre.

Greffer en fente; terminer la taille des arbres fruitiers; ébourgeonner les arbres taillés; soigner et abriter les espaliers.

Apiculture. — Enlever quelques gâteaux aux ruches bien nourries; nettoyer le plateau des ruches. Mettre de l'eau claire à portée des abeilles et les garantir contre les vents froids ou secs.

Mai.

Agriculture. — Achever les labours et autres façons préparatoires du sol pour les semis et repiquages qui restent à effectuer. Herser les pommes de terre, orge et avoine de printemps. Sarcler et échardonner les céréales. Sarcler les carottes, choux, betteraves, élevés en pépinière; repiquer ensuite ces plantes. Semer chanvre, maïs pour grains et pour fourrage, haricots, millet, sorgho, moha, vesces, pois gris et fourrages mélangés, colza et navette d'été; choux-navets, choux-raves, choux-rutabagas. Achever les semis de betteraves en place et de citrouilles.

Donner aux prairies irriguées les mêmes soins qu'en avril.

Biner la vigne et lier les pampres; donner le premier soufrage aux vignes malades. Greffer les noyers. Eclaircir et biner les semis récents de mûriers; ébourgeonner les jeunes mûriers et les mûriers adultes.

Récolter pour fourrages verts: trèfle incarnat, vesces d'hiver, gesses, lentilles, luzerne, trèfle violet, ou ordinaire.

Horticulture. — Sarcler, biner et arroser avec diligence. Continuer les semis des deux mois précédents; semer brocolis, choux-fleurs. Repiquer en place les diverses espèces de choux, laitues, romaines, chicorées. Ramer les pois semés en avril ; lier les chicorées transplantées dans les premiers jours de mai. Ecimer les fèves en fleurs et pincer les sommités des pois qui commencent à fleurir. Couper les tiges florales des fraisiers remontants, si l'on veut obtenir beaucoup de fraises en automne. Repiquer les jeunes plants de fraisiers.

Récolter asperges, choux d'York, choux cœurs-de-bœuf, choux pains-de-sucre, pois hâtifs, fèves des quatre saisons, laitues, radis et fournitures de table.

Ebourgeonner les arbres greffés, palisser les espaliers.

Apiculture. — Ravitailler les ruches faibles et récolter les essaims. Surveiller les ruches qui sont sur le point d'essaimer ; placer autour de ces ruches d'autres ruches vides, parfumées avec des feuilles de mélisse ou frottées avec un mélange fait, par égales parts, de cire et de propolis recueillis dans les ruches que l'on a vidées.

Juin.

Agriculture. — Tondre les moutons. Arroser fréquemment les composts et les fumiers pour que ceux-ci ne prennent point le blanc. Drainer et dessécher les terrains marécageux. Ecobuer ou chauler les jachères. Enfouir les plantes cultivées pour engrais verts. Désherber et biner les récoltes sarclées ; butter les pommes de terre, le maïs, les haricots. Repiquer les choux et les betteraves élevées en pépinière. Semer navette d'été, navets, raves, turneps, sarrasin ; semer en pépinière choux cavaliers et choux branchus.

Récolter colza et navette d'hiver, trèfle incarnat pour graines, spergule, lin ; vesces, pois gris et jarosse, pour fourrages verts ; fenaison.

Donner le second binage et le deuxième soufrage aux vignes ; effeuiller et attacher les pampres, mais en évitant de faire ces travaux pendant la floraison. Greffer les noyers dans la première quinzaine du mois ; greffer en flûte les mûriers.

Horticulture. — Renouveler tous les semis du mois de mai ; semer, en outre, cerfeuil, haricots suisses et flageolets, pois dits de Clamart, petites raves, gros radis noir, chicorée d'hiver, chou de Milan, chou-fleur. Repiquer les plantes semées en pépinière les mois précédents. Tailler les melons, pincer les tomates au-dessus des fruits noués en quantité suffisante ; enlever des fraisiers les coulants qui ne doivent pas servir à la propagation ; couper au niveau du sol les tiges d'artichaut dépouillées de leurs fruits.

Récolter pois, fraises, artichauts, oignons blancs, ails, échalotes, salades de toute espèce, oseille à larges feuilles ; couper les dernières asperges.

Eclaircir les fruits trop nombreux sur les espaliers ; ébourgeonner les arbres fruitiers ; pincer les branches gourmandes ; pratiquer les greffes en écusson à œil poussant.

Apiculture. — Surveiller attentivement l'essaimage.

Juillet.

Agriculture. — Déchaumer après la récolte du colza, du seigle, de l'orge ; écobuer. Sarcler et biner toutes les récoltes semées en lignes les deux derniers mois. Continuer le buttage des pommes de terre, du maïs et des haricots. Semer navets, trèfle incarnat et sarrasin en cultures dérobées; colza d'hiver, seigle de la Saint-Jean, carottes. Reprendre l'irrigation des prairies arrosées. Détruire la cuscute dans les luzernières et dans les trèflières qui en sont infestées.

Moissonner les céréales et les légumineuses. Faucher les plantes mélangées pour fourrages verts. Récolter le lin.

Continuer le second binage des vignes; donner le troisième soufrage; écimer les pampres qui dépassent les échalas. Tailler les mûriers effeuillés.

Horticulture. — Semer porreaux, choux, haricots gris, navets, choux-navets, carottes, chicorée, scarole, mâche. Tordre, froisser ou nouer les fanes des oignons à conserver pour manger en hiver. Butter le céleri. Lier, pailler et butter les cardons. Contenir par le pincement la végétation des tomates. Récolter les graines des plantes potagères, à mesure qu'elles mûrissent.

Cueillir les premiers cornichons; récolter les haricots verts et à écosser, sans endommager les plantes; arracher l'ail, l'échalote.

Etayer les arbres surchargés de fruits. Desserrer les ligatures des greffes de printemps; supprimer les pousses inférieures à l'ente. Effeuiller prudemment les pêchers pour favoriser la maturation des fruits. Faire la guerre aux insectes qui attaquent les fruits mûrissant.

Apiculture. — Récolter le miel en asphyxiant les abeilles ou en les changeant de ruche.

Août.

Agriculture. — Achever la moisson. Préparer le sol à recevoir les semailles d'automne. Chauler et marner les jachères et les chaumes. Continuer le binage des plantes sarclées; biner les colzas semés en juillet. Semer colza en place, navette d'hiver, spergule, trèfle incarnat.

Arroser abondamment les prés marécageux ou tourbeux; la nuit seulement, donner l'eau aux bonnes prairies arrosées.

Récolter les céréales de printemps, l'œillette, le millet; les pois gris, les lentilles et les vesces de printemps pour graines. Faucher la seconde coupe des prairies artificielles. Arracher et rouir le chanvre, le lin.

Découvrir les raisins par un effeuillage prudent; réparer les vases vinaires.

Horticulture. — Semer les derniers haricots à consommer en vert, les salades d'hiver, les carottes, les navets, les épinards. Repiquer à la fin du mois les choux semés en juillet, les porreaux, les chicorées frisées, les fraisiers. Tailler les tiges de courges. Soigner les porte-graines.

Récolter pois, fèves, haricots et la plupart des graines potagères. Cueillir prunes, abricots, pêches, poires et pommes d'été, figues, amandes.

Continuer la greffe en écusson à œil dormant; desserrer les ligatures des greffes de printemps.

Apiculture. — Continuer la récolte du miel. Protéger les ruches contre l'invasion des papillons de nuit. Porter les ruches près des champs en fleur.

Septembre.

Agriculture. — Battre les grains de semence. Semer blé, seigle, escourgeon, avoine, vesces et féveroles d'hiver, pois gris d'hiver, spergule et moutarde blanche, en récolte dérobée. Semer les prairies naturelles, le trèfle violet et le sainfoin. Repiquer le colza et les choux à vaches ; arroser de purin le colza et la navette.

Récolter pommes de terre, maïs, haricots, sarrasin, cameline, féveroles, navette et colza de printemps. Faucher les regains des prairies naturelles. Cueillir les graines de trèfle rouge, de carotte, de betterave, de chanvre.

Récolter les noix et faire les préparatifs de la vendange.

Horticulture. — Terminer les semis, plantations et repiquages qu'on n'a pas eu le temps d'achever dans le mois d'août. Reprendre les semis de radis roses, blancs et violets, interrompus pendant les grandes chaleurs. Semer choux rouges, choux de Bruxelles, scaroles, laitues.

Achever de cueillir les graines. Récolter melons, courges, artichauts de printemps, choux, salades, navets, carottes, betteraves. Cueillir les fruits d'automne.

Biner les pépinières d'arbres fruitiers et autour du pied de chaque arbre du verger.

Apiculture. — Récolter la cire et le miel des ruches qu'on veut détruire. Marier les essaims restés trop faibles. Défendre les abeilles contre leurs ennemis.

Octobre.

Agriculture. — Continuer les semailles de blé et d'épeautre, de vesces et de jarosses. Commencer les irrigations d'automne.

Arracher les pommes de terre, les navets, les betteraves, les carottes. Récolter les citrouilles, les choux pommés; effeuiller les choux à vaches.

Vendanger; faire et soigner le vin. Cueillir la feuille de mûrier pour nourrir les bestiaux. Continuer la récolte des noix. Plantation des noix.

Horticulture. — Semer mâche, épinard, cerfeuil, pois Michaux, au pied d'un mur à exposition méridionale. Planter les pommes de terre hâtives. Repiquer les choux de printemps et les salades d'hiver. Supprimer les vieux plants d'artichauts. Vers la fin du mois, couper rez terre les tiges d'asperges ; récolter les baies dont on extrait la graine par macération dans l'eau; donner un labour léger aux plants d'asperges et recharger d'une couche de bonne terre de quelques centimètres d'épaisseur.

Récolter choux, salades, racines et autres légumes.

Semer et planter les arbres fruitiers.

Apiculture. — Assurer aux abeilles une nourriture suffisante pour l'hiver. Une bonne ruche doit contenir de 6 à 10 kilos de miel. Marier les essaims trop faibles. Enlever des ruches à compartiments les cires vieilles ou noircies. Faire disparaître du rucher les ordures et tous les animaux nuisibles ou parasites. Rétrécir les ouvertures des ruches.

Novembre.

Agriculture. — Achever les semailles tardives de blé. Surveiller les terres ensemencées pour que les eaux de pluie aient de l'écoulement. Faire les labours d'ameublissement dans les terres fortes. Labourer les terrains à ensemencer au printemps. Repurger les fossés. Battre les grains.

Continuer les grandes irrigations d'automne.

Récolter navets, turneps, raves, rutabagas, carottes, topinambours. Effeuiller les choux à vaches.

Visiter souvent les vins nouveaux et tenir les futailles soigneusement ouillées. Planter, piocher et fumer les mûriers. Couronner les noyers qu'on veut greffer l'année suivante. Extraire l'huile de la cameline, du colza, de la navette, des noix.

Horticulture. — Epandre du fumier consommé sur les aspergeries. Labourer et butter les artichauts. Si le froid menace, abriter sous une couverture de litière ou de feuilles les artichauts, le céleri, la chicorée, la scarole, les jeunes choux-fleurs, les choux-navets. Préparer la chicorée pour barbe de capucin. Semer au pied des murs, à l'exposition du midi, des pois précoces, des panais et de la carotte dite *toupie de Hollande*.

Commencer la plantation des arbres fruitiers. Tailler, vers la fin du mois, les vieux poiriers et pommiers, et ceux des mêmes arbres qui se sont les premiers dépouillés de leurs feuilles. Enlever la mousse des arbres et enduire leur tronc d'un lait de chaux approprié. Labourer les carrés vides.

Apiculture. — Soigner les ruches qu'on veut garder pour l'année suivante : faire que les abeilles y trouvent une nourriture suffisante et qu'il y ait néanmoins assez de place pour que la reine puisse y déposer convenablement son couvain. A cet effet, diminuer l'épaisseur des rayons et même enlever la partie inférieure jusqu'au quart ou au tiers de leur hauteur. Pour pratiquer cette opération, il faut contraindre les abeilles à se réfugier dans le haut de la ruche ; ensuite couper avec un couteau bien tranchant et trempé dans l'eau bouillante les rayons à la distance convenable, en ayant soin de ne pas les ébranler. Si la ruche est faible, mettre dans une assiette 500 grammes de sirop ou de miel, couvert de paille hachée, de son ou de miettes de pain ; placer cette assiette dans la ruche, sur le tablier ; luter les bords inférieurs de la ruche de manière qu'il n'entre que l'air nécessaire à la respiration des abeilles. Renouveler l'approvisionnement tous les deux ou trois jours, jusqu'à ce que la ruche ait assez de nourriture. Attendre ensuite quelques jours avant de rendre la liberté aux abeilles.

Décembre.

Agriculture. — Surveiller les céréales en terre, la cave, le cellier, les silos. Battre les grains. Réparer ou confectionner le matériel d'agriculture. Pratiquer les labours d'ameublissement et les labours préparatoires des semailles de printemps. Défricher les bois et les vieilles prairies. Par un temps doux, continuer l'irrigation ; et, si l'on est surpris par la gelée, ne pas ôter l'eau avant le dégel.

Continuer à piocher et à fumer les mûriers qui ne l'auraient pas été le mois précédent, et à couronner les noyers qu'on veut greffer au mois de mai de l'année suivante.

Extraire l'huile des graines oléagineuses et des noix.

Horticulture. — Surveiller les serres à légumes et les fruitiers. Achever de labourer et de fumer les carrés vides. S'il ne gèle pas, continuer les plantations d'arbres fruitiers et la taille des pommiers et poiriers vieux ou languissants.

Apiculture. — Couvrir les ruches d'une chemise de paille. Combattre l'humidité. Avec l'enfumoire, faire arriver de temps en temps dans les ruches de la fumée de résine placée sur des charbons, ce qui réchauffe les abeilles, aromatise leurs habitations et prévient les moisissures.

(Composé d'après les préceptes du *Bon Fermier*, par M. Barral.)

TABLE ALPHABÉTIQUE.

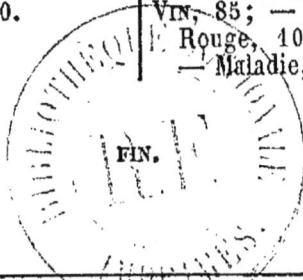

FIN.

SAINT-CLOUD. — IMPRIMERIE DE Mᵐᵉ Vᶜ EUG. BELIN.

www.ingramcontent.com/pod-product-compliance
Lightning Source LLC
Chambersburg PA
CBHW072349200326
41519CB00015B/3712